工業通風設計概要

鍾基強　編著

U0068923

全華圖書股份有限公司

序

　　工業通風設計技術在國內過去一直屬於現場應用技術，因此較不受學術界重視，相對的國內也沒有較完整教材可由淺入深教育非專業技術人員、學生、設計者瞭解工業通風的實際內容及如何有系統地設計有效的通風系統保護現場作業員工之安全與衛生。

　　本書參考美國 Industrial Ventilation 一書，同時融入許多筆者個人研究成果及國內先進所累積之設計。本書共分十一章，從最基本的第一、二、三章介紹基本工業通風概念、空氣狀態與追蹤量測技術等，第四章介紹整體換氣系統，第五章詳細說明局部通風系統之設計基礎，第六章則針對氣罩的設計與選擇加以說明，第七章探討風管的選擇與搭配，第八章分析如何設計與選擇適當的風機，第九章則討論風管內壓力計算，第十章及十一章則分別介紹工業空調系統與通風系統如何檢測與維修。

　　相信經由本書完整的說明，對有興趣學習工業通風的學生或設計者應有一定程度的幫助。鑑於工業通風並不歸屬一固定科系類別，學習領域可涵蓋機械空調、工業衛生、環境安全衛生、職業衛生等背景的讀者，因此筆者在教材設計上有經過慎重過濾，希望能適合大多數學習者之需求，講授者可依據學習者之程度擷取本書相關章節做為授課內容，不必完全按照書中章節順序。畢竟筆者才疏學淺，書中錯誤難免，尚期各界前輩不吝給予批評指導。

作者　謹識

於雲林科技大學

編輯部序

　　「系統編輯」是我們的編輯方針,我們所提供給您的,絕不只是一本書,而是關於這門學問的所有知識,它們由淺入深,循序漸進。

　　針對不同背景的讀者,由淺入深介紹工業通風的基本概念,內容有許多實際設計案例,藉由此眾多案例讓初學者能很快瞭解工業通風設計要點以及有許多國內外較新的技術及設計方法供讀者參考。適合大學、科大、技術學院之職業安全衛生系、環境與安全衛生工程系之「工業通風」課程及業界人士使用。

　　若您在這方面有任何問題,歡迎來函連繫,我們將竭誠為您服務。

目　錄

何謂工業通風

1

在控制作業場所空氣有害物質的方法中，工業通風是一種職業衛生常見之控制方法。除能夠控制污染物濃度在容許濃度以下，亦可維持舒適的溫濕條件，提供足夠新鮮空氣以防止作業環境空氣品質惡化而影響健康。設計得當的通風系統能夠將作業場所中有害物質有效的排除，同時也能改善作業環境的空氣品質，使作業人員能夠有一個安全而又舒適的工作環境。一般所謂的工業通風其意義指，利用空氣的流動來控制作業環境的空氣品質，也就是利用氣流來排除作業環境中所產生的空氣污染物或控制工作現場的空氣品質，使置身其中的作業人員可能暴露於危害環境的機會降至最低。作業環境中運用通風的技術可直接達到如下幾個目的：

一、排除作業環境之有害氣體

產品生產過程中所生成的有毒氣體、廢氣或粉塵如果積存於作業環境的空氣中，極有可能對從業人員的健康造成危害，或者造成生產機具的腐蝕損壞，當這些有害的污染物濃度過高時更會直接引發人員中毒、昏迷等職業傷害，不過藉由通風的應用可將上述污染物從作業環境中排除，降低污染物對人員的危害。

二、作業環境中舒適性的控制

在許多高溫、高溼熱的作業環境中，常令許多從業人感到不舒服、燥熱，進而影響工作效率及分散注意力造成身體傷害，另外一些較特殊的設備亦需要有較好的溫度控制才能發揮其效果，利用通風或再加上空調的處理可改善此現象。

三、防止火災和爆炸的發生

　　對許多會產生可燃或易燃氣體的製程而言,當作業環境中這類易燃物質的濃度過高達到某一限制值時,極可能引發爆炸及火災,造成生命財產的損失,利用通風的技術將污染物排出,稀釋以降低作業環境中易燃物的濃度,可達事先防範之目的。

四、提供較高品質的作業環境

　　近來的高科技產業如半導體業、航太、光電、精密機械業對其產品的精度要求愈來愈嚴格,相對於作業環境中之各項污染物的防止要求也愈高,因此有了潔淨室的需求,而不論是何種等級的潔淨室均需仰賴通風的方式來達成,當然,潔淨室通風精度的要求遠較一般工業通風高,其複雜程度與技術層面也非一般通風技術可及。

　　一般所使用的工業通風設備可分為整體換氣(General Replacement Ventilation)與局部排氣(Local Exhaust Ventilation)兩種。整體換氣係將一特定空間內所有空氣排出,同時導入外氣以補充排出的空氣,藉此達到通風的目的(圖 1-1)。而局部排氣係於污染物發生源即將污染物吸收捕集加以排除的通風方式(圖 1-2)。

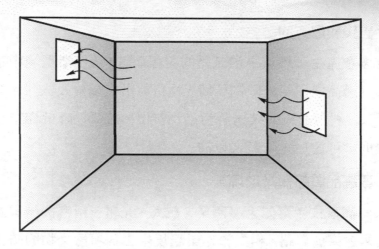

圖 1-1　整體換氣裝置(進風口及排風口亦可加裝風扇而形成機械換氣)

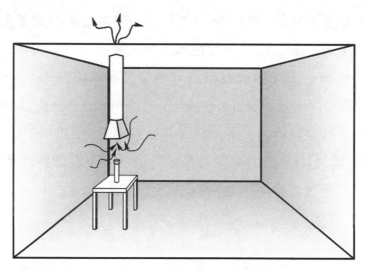

圖 1-2　局部排氣裝置(在污染物發生源即將污染物吸收捕集加以排除，有多種氣罩捕集方式)

1-1　整體換氣

　　如先前所述，整體換氣係將一特定空間內所有空氣排出，同時導入外氣以補充排出的空氣，藉此達到通風的目的。由於自外界導入的空氣與室內的污染物混合，降低了污染物的濃度，再藉由排氣的方式將稀釋後的污染空氣排出並補入新的空氣，因此整體換氣亦被稱為稀釋通風。由於整體換氣是對整個作業環境進行空氣更換，因此需要較大的換氣量，相對的，此換氣法對污染物的排除速度也較慢，故在使用上有些許限制，如污染物的產生量不宜過大避免過高的換氣量而不切實際、污染物的毒性小或無毒性、作業人員儘量遠離污染物產生區等限制。

一般來說，整體換氣依供給空氣流動的方式尚可區分為自然換氣與機械換氣兩種(圖 1-3)。

自然換氣：主要是利用溫差或風力的方式交換室內外空氣，利用自然通風的方式成本低，幾乎不需要運轉費用，但換氣量受溫度及室外風速等因素影響而較難控制，故使用受限制且效率低。

機械換氣：主要是利用排風機強制空氣流動達到換氣的目的，利用排風機可單獨對室內實施供氣或單獨排氣，也可同時供氣與排氣，不同的組合各有不同的效果，雖然附加風機設備耗費能源，但換氣效率較高。

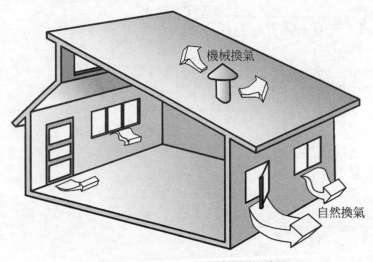

圖 1-3　機械換氣與自然換氣的差異

整體換氣中,污染物與室內空氣混合,假設室內污染物濃度成均勻分佈,依據均勻混合模式(Well-Mixing Model)室內污染物的濃度變化為

$$V\frac{dC}{dt} = QC_0 - QC + G \tag{1-1}$$

式中　　V：為室內體積 (m^3)

　　　　C：為污染物濃度 $(g/m^3 \text{ or ppm})$

　　　　t：為時間 (sec)

　　　　$\dfrac{dC}{dt}$：為污染物濃度變化率 (mg/m^3)

　　　　Q：為換氣量 (m^3/min)

　　　　C_0：為環境中既有的污染物濃度 $(g/m^3 \text{ or ppm})$

　　　　G：為室內污染物發生量 (mg/hr)

對方程式(1-1)積分,可得

$$\int_{C=C_0}^{C} \frac{dC}{G + Q \cdot C_0 - Q \cdot C} = \int_{t=t_0}^{t} \frac{dt}{V}$$

$$-\frac{1}{Q} \ln \frac{G + Q \cdot C_0 - Q \cdot C}{G + Q \cdot C_0 - Q \cdot C_0} = \frac{t - t_0}{V}$$

$$-\frac{1}{Q} \ln \frac{G + Q \cdot C_0 - Q \cdot C}{G} = \frac{t - t_0}{V}$$

$$\frac{G + Q \cdot C_0 - Q \cdot C}{G} = e^{-\frac{Q}{V}(t-t_0)} \tag{1-2}$$

從方程式(1-2)可藉由已知參數,求兩式中之任一未知數,最常由已知濃度(C_0 和 C),計算所要的通風量(Q)。

另外，當一作業環境中的濃度趨近於平衡時(即 $t \rightarrow \infty$)則可得，

$$G + Q \cdot C_0 - Q \cdot C = 0$$

在一定換氣量 Q 下，污染物的濃度以平均濃度表示，化簡為

$$C = C_0 + \frac{G}{Q} \tag{1-3}$$

如欲將室內污染物控制在一定的濃度以下，(方程式 1-1 之 dC=0)
則污染物平均濃度 C 成為污染物的容許濃度。整體換氣所需的換氣量為

$$Q = \frac{G}{C - C_0} \tag{1-4}$$

將作業環境中之濃度單位代入方程式中，可得

$$Q(\mathrm{m^3/min}) = \frac{G(\mathrm{g/hr}) \times \frac{1}{60}(\mathrm{hr/min})}{C - C_0(\mathrm{g/m^3})} \tag{1-5}$$

或

$$Q(\mathrm{m^3/min}) = \frac{24.1(\mathrm{\ell/mole}) \times 10^{-3}(\mathrm{m^3/\ell}) \times G(\mathrm{g/hr}) \times \frac{1}{60}(\mathrm{hr/min})}{C - C_0(\mathrm{ppm}) \times M(\mathrm{g/mole})} \tag{1-6}$$

此關係式成立的基本假設為污染物在室內為均勻分佈，但實際作業時污染物與室內空氣並非均勻混合，因此實際應用時所需的通風量應高於(方程式1-4) 所得之計算值。至於各種污染物(有害物)的容許濃度，可參考「勞工作業環境空氣中有害物容許濃度標準」【1】。

除了換氣量外，室內空氣流動的型態也是決定整體換氣裝置是否發

揮功能的因素，影響作業環境中空氣流動的因素很多，如作業環境的幾何形狀、溫度、壓力、內置的設備、人員移動、空氣的進/排氣口配置等都會影響室內的空氣流動。

　　基本上空氣氣流之型態就特性而言有四種基本型態：即短路型氣流(圖1-4)、完全混合式氣流(圖1-5)、置換型氣流(圖1-6)及活塞式氣流(圖1-7)【2】。當新鮮空氣從進氣口進入後未能在整個通風空間內與污染物充分混合即由排氣口排出，這種現象即為短路型氣流。一般而言，進/排氣口的配置應儘量避免形成短路型的空氣流動型態，在此種空氣流動型態中，空氣流線僅通過進氣口與排氣口間之部分區域，存在其他區域的污染物無法獲得換氣稀釋與排除的效果。短路型氣流是非常沒有效率的通風方式且會造成污染物累積在室內空間中。

　　另外進/排氣口的配置亦應避免將排出的空氣混入欲供給入室內的氣體中，防止二次污染。就室內污染物移除效率而言，活塞式的空氣流動型式對污染物的排除效果最理想，但需相當大的進/排氣口面積，對換氣量需求較大，也較耗費能源。基於上述可知，整體換氣中，換氣量的大小影響了室內污染物排除的時間，換氣量愈大污染物移除的時間越短，而整體換氣的進排氣口配置對污染物排除的效率有決定性的影響。

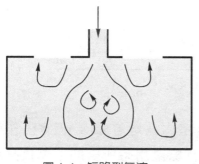

圖1-4　短路型氣流

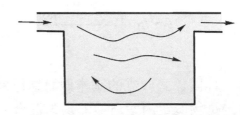

圖1-5　完全混合式氣流

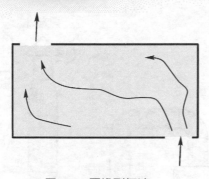

圖 1-6　置換型氣流

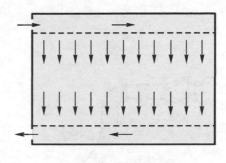

圖 1-7　活塞式氣流

1-2　局部排氣

　　通常於作業環境中，會污染作業環境空氣之污染物，均於發生源以高濃度發生後，向發生源附近之空氣以飛散或擴散之方式，逐漸減低其濃度而擴散於廣大之範圍，最後污染整體作業場所。因此，在高濃度污染物未混合分散於周圍一般空氣中之前，利用吸氣流程其仍在高濃度狀況下局部的予以捕集、排除，且於潔淨後排出於大氣中。此謂局部排氣(Local Exhaust Ventilation)【3】。對於俱有高濃度、有毒性、腐蝕性、可燃性等特性之空氣污染物，必須採用此種通風方式，以避免污染物散逸至週遭空氣中，污染作業環境中之空氣而造成不良影響。

　　典型的局部排氣系統包括有一至數個氣罩，這些氣罩藉由導管的連接將所抽取的空氣或捕集的污染物由共同的出口排出，其抽氣所需的氣流則由排氣機來引動。通常大部分的局部排氣裝置上設有空氣清淨裝置，一方面可潔淨排出的廢氣避免污染外界大氣，另一方面亦可防止排氣機受污染空氣而損壞。局部排氣系統整體架構如(圖 1-8)。

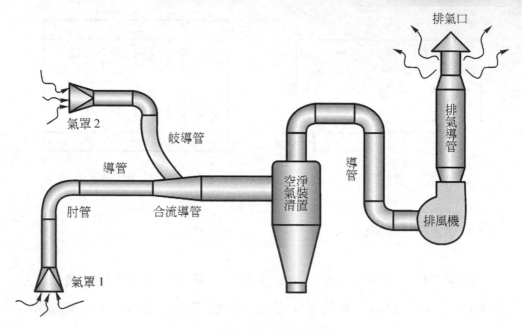

圖 1-8　局部排氣系統整體架構圖

1-2-1　氣罩

　　局部排氣裝置是一般作業場所中常見的空氣有害物控制工程改善方法。其控制方法主要是將有害物發生源所釋放出的有害物透過氣罩的抽氣氣流排出，使有害物不致散佈到周圍的環境中。因此氣罩乃局部排氣系統中最重要之一環，其大小之設計及安裝位置之選定直接影響了局部排氣系統之功能。

　　氣罩係指儘量包圍污染物發生源之圍壁或無法包圍時儘可能接近於污染物發生源所設置之開口，並使其產生吸氣氣流，以引導被污染之空氣流入其內部之局部排氣裝置入口部分。氣罩若依其發生源與氣罩位置之關係及污染源發生狀態為分類時，約略可分為包圍式(Enclosure)、崗亭式(Booth)、外裝式(Outer Lateral)及接收式(Receiver)等四種方式，概略表述如下：

表 1-1　氣罩分類

分類	型式	開口排氣方向	適用作業例
包圍式	覆蓋型	上方、側方	粉碎、儲藏、工作機械、分篩、儲槽
	套箱型	上方、側方	處理毒性氣體
崗亭式	氣櫃型	側方	研磨、裝袋、化學實驗、
	建築崗亭型	側方	酸洗、噴漆塗裝
外裝式	溝槽型	側方	電鍍洗滌、溶解、儲藏、表面處理
	百葉型	側方	表面處理
	格條型	下方	油漆、粉碎、鑄模
	圓形型	上方、側方	粉碎、熔接、熔斷、木工機械
	長方形型	上方、側方	溶解、分篩、粉碎、熔接、熔斷、木工機械
接收式	覆蓋型	上方	爐、淬火、鍛造、熔融
	罩蓋型 (磨輪型)	上方、下方、側方	爐、砂輪機

1.　包圍式(Enclosure)

　　將污染物發生源全部包圍，僅留些許間隙、觀察孔、作業孔等較小之開口部分，於此開口部分產生吸氣氣流使污染空氣不致溢流於外部。此種方式使用之排氣量最低，為效果最高之氣罩(圖 1-9)。

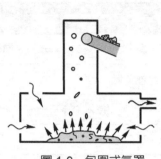

圖 1-9　包圍式氣罩

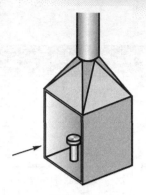

圖 1-10　崗亭式氣罩

2.　崗亭式(Booth)

　　　因作業上之需要而將氣罩之一面予以開放，但其他各面仍包圍污染源，因在開放之面產生吸氣氣流，可控制內部之污染空氣不致外溢，且其開口面之圍壁具有凸緣之效果，側壁則對於外部阻礙排氣之亂流具有阻礙板之功效。若與外裝式相比較時，此種氣罩以較少之風量可獲得良好之效果，常被選爲標準氣罩(圖 1-10)。

3.　外裝式(Out Lateral)

　　　因作業因素無法包圍發生源時，以不妨害作業條件而獨立設置之氣罩。此種方式係於開口面產生吸氣氣流而將置於開口面外自發生源產生之污染物導入氣罩內，因此需耗費較大之風量，且易受外部亂流之影響(圖 1-11)。

4.　接收式(Receiver)

　　　污染物發生源如具有熱浮力產生之上升氣流，或旋轉引起之慣性氣流等一定方向之污染氣流時，順其氣流方向接受該污染空氣而將其排除者。此種形式氣罩與外裝式相似，同樣易受外部亂流影響(圖 1-12)。

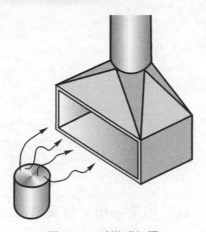

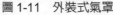

圖 1-11 外裝式氣罩

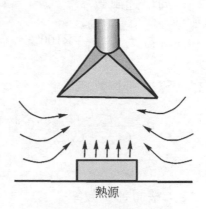

熱源

圖 1-12 接受式氣罩

1-3 通風效率與捕集效率理論探討

　　室內整體通風效率(Ventilation Efficiency)，可由進排氣口處與室內污染物平均濃度差異求出，其數學關係式如(方程式 1-7)所示。而室內局部通風效率(Local Ventilation Efficiency)，則由進排氣口處與室內某量測點的濃度值計算出，其數學關係式如(方程式 1-8)所示。至於捕集效率(Capture Efficiency)為任一測試點的測量濃度減去背景濃度除以百分之百濃度和背景濃度的差計算求得，其各濃度之獲得是由釋放源釋放追蹤氣體，而於氣罩前形成一區域，經氣罩排除，於導管下游量測其捕集濃度，若置於氣罩內釋放可得 100%的捕集濃度，而背景濃度則取初始和最終背景濃度的平均值來計算【4】其數學關係式如(方程式 1-9)所示。

1. 整體通風效率

$$\varepsilon = \frac{C_e - C_s}{\langle C \rangle - C_s} \times 100\% \tag{1-7}$$

2. 局部通風效率

$$\varepsilon_P = \frac{C_e - C_s}{C_P - C_s} \times 100\%$$ (1-8)

3. 氣罩捕集效率

$$\eta = \frac{C_i - C_{bkgd}}{C_{100\%} - C_{bkgd}} \times 100\%$$ (1-9)

ε：整體通風效率 $\langle C \rangle$：污染物平均穩態濃度

ε_p：局部通風效率 η： 捕集效率

C_s：進氣口污染物穩態濃度 C_i：氣罩捕集濃度

C_e：排氣口污染物穩態濃度 C_{bkgd}：背景濃度

C_P：某測量點污染物穩態濃度 $C_{100\%}$：全捕集濃度

1-4　工業通風的問題特徵

　　當考慮通風問題時，設計人員必須完全了解逸散源的變化、工作者(他們的呼吸帶， BZ：Breathing Zone)、空間裡的空氣和它們之間的相互關係。下面這一張圖顯示出它們之間的關係，它會存在於各種方位問題中。作業環境中工業通風所面臨的問題可由觀察逸散源、工作者行為及空氣動向得知。

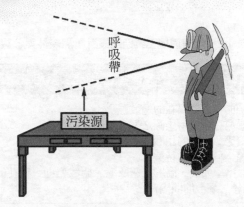

圖 1-13　空氣污染源與人員呼吸帶之關係位置圖

　　明顯的，除非逸散源就出現在工作地點的附近，否則不會想到吸入的位置。而且空氣一定會將污染物帶入工作者的呼吸帶(或者是工作者將自己的呼吸帶移入到污染的空氣中)。這些事實使我們了解通風設計的第一個原則：

　　工業通風設計必須以污染源、空氣的動向和工作者行為為基礎，遵守上述原則對於完成一個成功的工業通風系統具有重要影響。表 1-2 列出工業通風設計必要瞭解和回答的問題。這些問題之中可能有些無法很正確回答，但是設計者必須對每一個項目作判斷，甚至於所作的判斷可能只觸及到一部份問題。因此現場與作業員訪談以瞭解眞正問題所在，對設計有效地作業環境通風系統有直接幫助。

表 1-2　作業環境工業通風設計所需條件與參數

現場問題分類	作業環境工業通風設計相關資訊
1.污染源狀態	*逸散源的位置或潛在的逸散源？ *實際暴露在哪個污染源之下？ *每一個來源之間的相關性？ *記述每一個來源的特徵？ (例如：化學成分、溫度、擴散率、擴散方向、最初的擴散速率、連續或是斷斷續續、擴散的間隔)。
2.空氣狀態	*空氣如何移動？ (例如：方向、速度)。 *空氣的特性？ (例如：空氣溫度、混和程度、供氣與回氣情況、換氣率、風速與風向的影響、天氣與季節的影響)。
3.工作者狀態	*工作者與逸散源之間的相互關係？ *從業員工作性質的界定(例如：工作者位置、工作程序、工作者的教育與訓練程度、合作性)。

註解

【1】 勞委會(1995)：勞工作業環境空氣中有害物容許濃度標準：行政院勞工委員會八十四年六月三十日

【2】 Marshall.J.W. “Health Care Ventilation Standard：Air Changes Per Hour or CFM/Patient？” ASHRAE Journal 96(9)：27-30

【3】 中華民國工業安全衛生協會，工業通風設計講習基本教材(局部排氣裝置設計基本篇)

【4】 Xiaomin Yu, 1995, Model development of area capture efficiency for flanged slot hoods., Illinois University, Chicago, Illinois.

2

空氣狀態

所有的通風系統中空氣皆是控制媒介，所以了解空氣和它的行為是必須的。大部分時間水蒸氣為第三多的成分，約占體積的 2.5%以上。二氧化碳大約為 340ppm，位在氬(大約 1%)之後為第五。空氣是由氣體、蒸氣和氣膠所組成的一種自然物質。就像其它的物質，空氣有質量、重量、密度、溫度、黏度等性質。我們探索每一種性質，並看看它們對於空氣的特性有何影響。

2-1　空氣性質

一、密度

在標準狀態下，空氣的密度為 0.075 lbs/ft³ 或 1.2 kgs/m³，水則為 62.4 lbs/ft³ 或 1000 kgs/m³，是空氣的 832 倍。

二、比重

氣體或蒸氣與具有相同體積空氣的質量比，稱為氣體或蒸氣的比重。舉例來說，一氧化碳的比重為 0.968，意指一氧化碳的重量為空氣重量的 96.8%。

同樣的，液體或固體與具有相同體積水的質量比，稱為液體或固體的比重。舉例來說，四氯化碳的比重為 1.595，這是指一立方英尺的四氯化碳的重量為 W=1.595×62.4=99.5 磅。

三、分子量

空氣具有一個混合的分子重量，大約為 MW=29。

表 2-1 顯示標準狀態下的空氣。

表 2-1　空氣在標準狀態下之值

	英制	公制	使用者	單位
溫度	70 °F 68 °F	21 ℃ 20 ℃	(ACGIH) (ASHRAE)	°F ℃
大氣壓力	29.92 in Hg	760 mm Hg	(both)	BP
相對溼度	0 % 50 %	0 % 50 %	(ACGIH) (ASHRAE)	RH
重量密度	0.075 lbs/ ft^3	1.20 kgs/ cm^3	(both)	ρ

附註：1 atm = 760 mm Hg = 760 torr = 101.325 kPa
　　　1 kPa = 1000 Pa = 1000 newton/m^2 = 1000 kg/m-s^2

2-2　假設空氣為理想氣體

在標準環境中，由理想氣體狀態方程式可知，空氣的密度與壓力和溫度有關。

$$P = \rho RT \tag{2-1}$$

ρ = 密度　lbs/ft^3
P = 絕對壓力　lbs/ft^2
R = 氣體常數　53.35 ft-lb/lbm-°R (公制)
T = 絕對溫度°R

空氣的比重或密度會隨著溫度與壓力而變化。舉例來說，當我們加熱空氣，它會膨脹而且密度會減小；當我們去到較高海拔的地方時，壓力會下降、空氣會膨脹而且密度減小。

在其它同樣環境下、空氣的密度會隨著絕對溫度的改變而幾乎呈現線性的變化。同樣的，空氣密度也會隨著空氣壓力的改變而呈現線性的變化。(例如，假如壓力增加 10%，密度也將增加 10%。)這兩種關係可以合併成一個方程式，稱爲理想氣體定律。由(方程式2-1)的推導，通常又可表示成：

$$\frac{P_1 V_1}{T_1} = \frac{P_2 V_2}{T_2} \tag{2-2}$$

2-2-1　密度修正

　　使用理想氣體定律時，我們可以計算一個密度修正因子"d"。這個因子可以用來修正量測到的空氣速度，而得到實際的空氣速度；由實際的體積流率得到標準體積流率等等。

　　密度修正因子"d"可由(方程式2-3)推導。在標準環境中，d=1.0。在較高溫和較高海拔的地方，d值小於 1。在較低溫和海平面下的高度時，d值大於 1。當然在非標準環境下，它可以用來修正空氣密度。

　　　　空氣密度(實際)=空氣密度(標準)$\times d$

$$\rho_{actual} = \rho_{stp} \times d$$

$$d = \frac{530}{^\circ F + 460} \times \frac{BP}{29.92} \quad (英制)\;;\quad d = \frac{294}{^\circ C + 273} \times \frac{BP}{760} \quad (公制) \tag{2-3}$$

例題 2-1　計算空氣的密度修正因子，在 T=100°F和海拔 2000 呎的地方。(BP=27.8 inches Hg)

解 答

$$d = \frac{530}{100 + 460} \times \frac{27.8}{29.92} = 0.88$$

例題 2-2 在 T=35℃和海拔 1000 m 的地方，空氣的實際密度爲多少？
(BP=733 mm Hg)

解答

$$d = \frac{294}{35+273} \times \frac{733}{760} = 0.92$$

空氣密度(實際)=空氣密度(標準)×d
　　　　　　　=1.2 kgs/m^3×0.92=1.1 kgs/m^3

2-3　空氣壓力

　　當風管中的氣流流經方向改變或截面積改變之風管時，其管內壓力會改變。假如當一個低壓力的天氣型態經過一個區域，氣壓計的壓力會下降。在工業通風內，壓力一般量測的單位如下：

英制　　　　　　　　　　　　公制
英吋水柱(in w.g.)　　　　　　公厘水柱(mm w.g.)

　　在大氣中，因爲壓力的差別而造成空氣團的移動。大氣壓力將空氣從高壓區推向低壓區。在通風上，空氣主要是靠風扇所產生的壓差而移動。在圖 2-1，風機降低大氣壓力，產生的負壓，稱爲"靜壓"。當然，靜壓也有可能是正壓；當風機送風進入風管內時，靜壓則爲正值。爲了平衡壓力，大氣壓力將空氣推入 U 型管內。在 U 型管內裝滿水來量測靜壓力。就如同你所見，"靜壓"與"氣壓計壓力"相同，兩者在任何方向都能產生壓力，兩者都是重力所產生的結果，兩者都可以以水柱高量測。

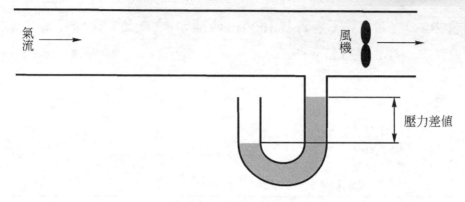

圖 2-1　風管內之靜壓圖

2-3-1　靜壓、全壓、動壓

　　靜壓是由於重力和風扇的推動所造成,在導管內,靜壓在任何方向皆為定值,在圖 2-2 中,靜壓必須在這種方向下測量,這樣氣流才不會影響量測值。若靜壓值為負值,則表示導管受到擠壓;若靜壓值為正,則表示導管就像氣球一樣被脹大。

　　假如壓力計的尾端是插入風管表面,氣流可直接進入到壓力計中,這個壓力計將不只量測靜壓,而是量測在探針尾端所受到空氣擠壓的影響。(想像數兆的空氣分子相互碰撞,以隔開探針裡靜止的空氣,這會因而產生壓力。)這種壓力的組合稱為全壓。若完全由於分子的碰撞而產生的壓力,稱為動壓。動壓可以由全壓減去靜壓而得到。因此全壓等於動壓加上靜壓。

　　當量測動壓和全壓時,我們必須求取平均值,因為在導管截面不同的位置,數值也不一樣。圖 2-3 顯示在一長直管內空氣的此種狀況。

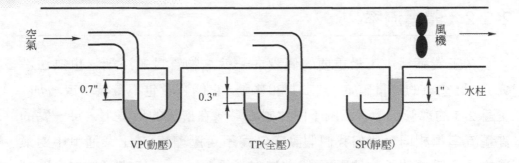

圖 2-2　風管內之靜壓、動壓與全壓圖

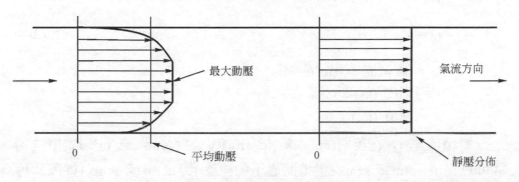

圖 2-3　風管內之壓力分佈圖

　　為了使用這個壓力公式作計算，必須了解每一個項目的符號與使用
方法，並使用相同的單位(如英吋水柱、公厘水柱)。不論何時，當管內
的靜壓比大氣壓力小則為負值，若壓力大於大氣壓力則為正值。圖 2-4
顯示在一般情況下，風扇上游與下游的符號。

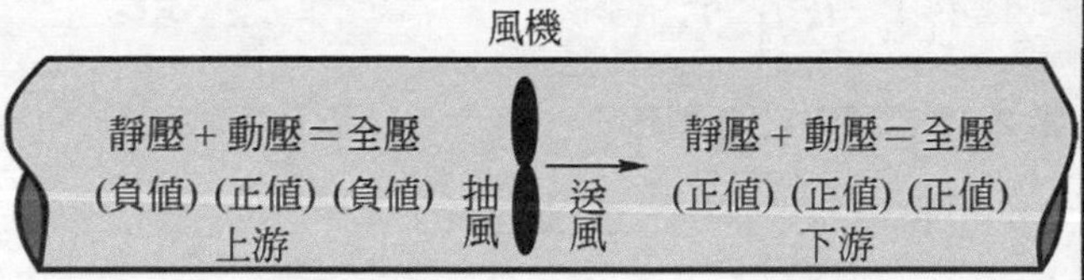

	全壓	靜壓	動壓
上游	-	-	+
下游	+	+	+

圖 2-4　壓力符號說明圖

2-3-2　體積流率

在工業通風中，最重要的假設之一就是物質是無法創造也無法消滅。一但空氣的質量確定、被限制和移動，它的質量也不會減少或增加。在圖 2-5 的導管中，有三個不同位置的點。在層流的環境下，每一點的質量流率都相同。假如我們假設空氣為不可壓縮流(在工業通風中對氣流的一個重要假設)，相同的體積流率通過每一點，氣流可以如同下列方程式一樣，以數學方式描述。最常用的單位顯示在方程式下面。

$$Q = V \times A \tag{2-4}$$

其中　　Q = 體積流率　(m^3/sec)

　　　　V = 速度　(m/sec)

　　　　A = 面積　(m^2)

體積流率 Q 在英制$(cfm$ 或 $ft^3/min)$與公制$(cms$ 或 $m^3/sec)$單位通常可以寫成 scfm 或 scms (標準狀態下的流動)與 acfm 或 acms (實際狀態下的流動)。假如你想加強你的專業程度，可以一直以 scfm 或 acfm (scms 或 acms) 表示。

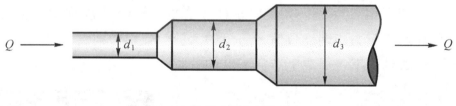

$$Q = V_1 A_1 = V_2 A_2 = V_3 A_3$$

圖 2-5　風管中之體積流率

例題 2-3　管的橫截面面積 $A = 2.445$ ft，在標準環境下，空氣流過導
管的平均速度 $V = 3500$ ft/min，流率 $Q = ?$

解　答

$Q = V \times A$
　$= 3500$ ft/min $\times 2.445$ ft^2
　$= 8557.5$ ft^3/min
(我們應該取整數 8600，得到一個較有意義的數字。)

例題 2-4　導管的直徑 $D=25$cm，在標準環境下管內氣流的平均速度
$V = 21$m/s，流率 $Q = ?$

解　答

$A = \pi D^2/4 = \pi (25\text{cm})^2/4$
　$= \pi (0.25\text{m})^2/4$
　$= 0.0491\text{m}^2$
$Q = V \times A$
　$= 21\text{m/s} \times 0.0491\text{m}^2$
　$= 1.03$ m^3/s (我們可以取 1.0 m^3/s)

動壓(P_V)與風管中速度關係可以下式表示：

$$P_V = \frac{\rho V^2}{2g} = \frac{1.2 \times V^2}{2 \times 9.8} = \left(\frac{V}{4.03}\right)^2 \text{公制} = \left(\frac{V}{4005}\right)^2 \text{英制} \qquad (2\text{-}5)$$

數字 "4005" 與 "4.03" 是合併換算因子、空氣密度等參數而算
出。假如我們假設在標準環境下，則 $d = 1$。有些題目的方程式並沒有表
示出 d，但它仍然存在。

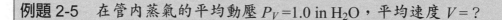

例題 2-5 在管內蒸氣的平均動壓 P_V=1.0 in H_2O，平均速度 V=？

解 答

$V = 4005(P_V / d)^{0.5}$

$V = 4005(1.00 / 1.00)^{0.5}$

$V = 4005$ ft/min

例題 2-6 管內蒸氣的中心動壓 P_V=12 mm H_2O，中心速度 V=？

解 答

$V = 4.03(Pv / d)^{0.5}$

$V = 4.03(12 / 1.00)^{0.5}$

$V \doteqdot 13.9 = 14$ m/s

例題 2-7 在一個 D=7in 的管中，空氣移動速度 V=3000 ft/min，求出
體積流率 Q。

解 答

$Q = V \times A = 3000$ ft/min$\times \pi /4(7/12)^2 = 801$ ft^3/min $\doteqdot 800$ ft^3/min

2-4　空氣中的氣膠

　　逸散源通常包含氣膠或微粒物質。為使通風系統更有效率，我們必
須了解有關粒子的一些事情和它們的行為。我們回顧一些基本的東西。
微粒物質或氣膠，來自於兩種主要物質液體與固體。表 2-2 顯示出一般
常見的種類。

表 2-2　氣膠一般種類與型態

氣膠種類	型態	來源
液體		
霧(濃)	液體	噴灑
霧(稀)	液體	噴灑、酸洗
煙	液體、固體、氣體	燃燒
固體		
塵埃	固體	機械加工、振動
煙	固體	熔爐
煙	液體 固體	燃燒
纖維	固體	石綿加工

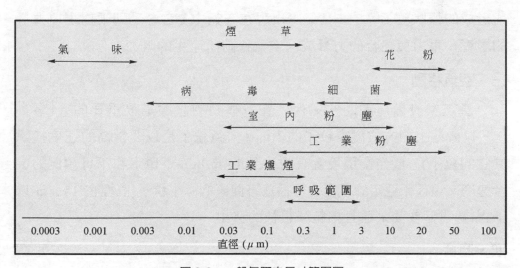

圖 2-6　一般氣膠之尺寸範圍圖

氣膠沒有固定的尺寸或形狀，最重要的是可被吸入人體器官的粒狀物。大部分的氣膠都可能被帶進肺部深處。一般典型的尺寸顯示在圖2-6 中。

氣膠主要是依靠幾種基本的方法產生，然後進入到空氣中，描述如下：

一、機械式

機械式的動作，包含風吹過一個充滿灰塵的表面、震動、掉落物的撞擊、研磨與鑽孔、轉動的車輪輪面與多塵表面的碰撞、打掃等。機械式的動作變成生活中必要能源的主要來源，也是散佈粒子到空氣中的主要來源。因為自然或次要能源的消耗，可以讓粒子保持在空氣中而不掉落。

二、化學式

化學的行為包含，液態金屬蒸發所形成的氧化物氣體，和化學製品所形成的煙狀粒子等。一旦氣膠出現在空氣中，它會受到兩種主要力量的影響—重力與混合的力量或因空氣移動所產生的阻力。

三、空氣移動

讓工業設備周圍的空氣保持在一移動的狀態是很重要的。(事實上，以微觀上的方式觀察粒子的表面，空氣粒子是以非常高的速度撞擊其它的粒子)一般作業環境會有約 8 至 15 m/min 不穩定和不可預測的混合速度。這種不穩定的混合會傳播危害健康的微小粒子(直徑在 15 μm 以下)穿過這個空間，並且讓粒子很快的移出。

四、混合

混合擾流有時能使灰塵保持在空氣中，使濃度大到會產生爆炸。

五、沉積

由下面的關係式可以導出，當知道粒子的沉積速度，也就可以知道最後的速度(由 Stokes 定律推導出)：

$$V_s = (26.4 \times 10^{-6})(S.G.)D^2 \quad (S.G.爲比重) \tag{2-6}$$

例題 2-8　直徑 1.0μm 的氧化鐵氣體，沉積速度 $V = ?$ $S.G.=6.6$

解 答

$$V_S = (26.4 \times 10^{-6})(S.G.)D^2$$
$$V_S = (26.4 \times 10^{-6})(6.6)1.0^2 = 0.00017 \text{ m/s}$$

可被吸入人體器官的顆粒沉積速度非常緩慢

最後的兩個問題都清楚的指出，適於吸入人體器官的粒子，移動速度是較低的，不論何時，粒子都在沉積 (這就是通風管容易遭遇的問題) 。但是對於一開放空間，我們假設粒子傾向保留氣膠狀態於工作環境的空氣中。表 2-3 彙整過去常用有關逸散源粒子的名詞。

表 2-3　逸散源相關名詞說明表

終端速度	空氣中微粒最後的沉降速度
發射速度	分子最初的速度來自於逸散源，如轉動中的輪子，可能以超過 6000 ft/min (或 30 m/s) 的速度將粒子甩離輪面。 靠著粒子本身的質量，可能在幾吋到幾碼間的距離就可達到終端速度。
拋射距離	粒子在放射後，在達到終端速度或沉澱速度之前所行進的距離。
零點	在粒子達到沉澱速度時位置。零點對於決定適當的捕捉速度通常是很方便的。
移動速度	這個最小的速度必須產生足夠的混合擾流，以阻止粒子永遠沉積在導管中擾動空氣會逐漸的和沉積的乾粒子混合。速度越快，捕捉量也會越大。

表 2-3　逸散源相關名詞說明表(續)

終端速度	空氣中微粒最後的沉降速度
捕捉速度	逸散源附近空氣的速度，必須大到能夠捕捉逸散物並能將其帶到通風管內
雷諾數	空氣中的擾流通常以雷諾數來表示。雷諾數是由空氣速度、黏度、密度，和寬度(或直徑)所組成。方程式為 $Re = \rho\,VD/\mu$　　　　　　　　　　　　　　　(2-7) ρ =空氣密度，kg/m^3 D =直徑，m V =速度，m/sec μ =黏度，kg/sec-m

若 Re<2000，視為層流；Re>4000，則視為擾流。而大部分通風管的流動為擾流。舉例來說，在一個 D =12in 的管中，流速 V =1000 ft/min，則雷諾數為 130,000。甚至一般在無塵室裡所謂 "層流" 的氣流，在 90ft/min 的速度下，產生的雷諾數約為 12,000。擾流會造成靜壓的損失，當粒子會穿過通風管，量測值變得不穩定。

在室溫下，空氣中的氣體和蒸氣都視為單相物質。氣體的認定，為在標準環境下為氣相；蒸氣在標準環境下則為液相。然而，大部分液體的蒸氣壓力，是由液體的蒸氣和蒸氣—空氣混合物的濃度比值所決定。蒸氣—空氣混合物可能的最大濃度，是依照 "分壓" 法則所決定。在任何溫度與壓力下，空氣中會含有最大量的蒸氣。所謂 "飽和空氣"，是空氣中可能含有最大濃度的蒸氣。一般溫暖的空氣所含的蒸氣會比冷空氣多。假如液體分壓(或蒸氣壓力)為 PP=1.5 mm Wg，然後在標準環境下單位體積的最大濃度為 C=PP/BP=1.5/760 (或 0.2%的體積)。相關成分存在濃度可依照(方程式 2-8)或(方程式 2-9)的關係式求取。

$C=PP/BP\times100$ (2-8)

(百分比；BP 為使用相同單位的氣壓)

$ppm\times MW=mg/m\times24.1$ (2-9)

MW 為莫耳分子質量(分子重)

例題 2-9   計算在標準環境下，空氣中含有水銀蒸氣的最大含量。水銀蒸氣壓=0.0013mm Hg。

解 答

C=0.0013/760
 =0.0000017($\times1,000,000$ for ppm)
 =1.7 ppm by volume in air
$ppm\times MW=mg/m^3\times24.1 \Rightarrow 1.7\times201=mg/m^3\times24.1$
重新排列：$mg/m^3=14$

2-4-1 蒸氣源

在工作環境中，蒸氣的產生可能由於許多原因，例如：噴漆和塗刷動作、去油劑、清潔劑、拆卸動作、電鍍和清潔動作、燃燒，和其它的溶劑有酒精、三氯乙烯、亞甲基、氯化物、四氯乙烯、甲苯，和二甲苯。當然，在工業製程中還能找到許多其它的東西。蒸氣產生率取決於溫度、壓力、使用數量、暴露面積、沸點或蒸氣壓力，和其它因素。在標準環境中，一磅-分子重(磅-莫耳)的物質，蒸發後可以充滿 387 ft^3 的空間；一莫耳的物質，在我們所定義的標準環境下，可以蒸發成 24.1 公升的氣體。

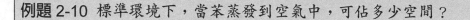

例題 2-10 標準環境下，當苯蒸發到空氣中，可佔多少空間？

解答

苯(C_6H_6) 的分子重量為 78，因此，一莫耳的苯重 78 克。假如 78 克全部蒸發，在標準環境下，會充滿 24.1 公升 的空間。但如為 78 磅的苯約為 35,380 克的苯全部蒸發，在標準環境下，會充滿 387 ft³ 的空間。

　　一般作業環境所產生的蒸氣和氣體可能比空氣重也可能比空氣輕。比較單位一般稱為比重。丙烷的比重為 1.554，或可表示為空氣的 1.554 倍重。(如，在標準環境丙烷的重量為 0.075×1.554=0.117 lbs/ ft³) 增加丙烷的重量，或在缺乏任何混合力的狀況下，丙烷和空氣應該會像水和油一樣分離，而且空氣會在丙烷的上面。但不像油和水，混合還是有可能會發生。當濃度在百萬分之一(ppm)以下時，若假設為完全混合則是合理的。在空氣呈現擾動的狀況下，在空氣中的丙烷，可能只有一部份會發生分離的現象。在非常平靜、沒有混合的空氣中，高濃度蒸氣將傾向於靜止。然而在工業設備中，在合乎健康的空氣濃度下(如，百萬分之一)，因為擴散的力量會使沉澱的狀況很少發生。而事實上，沉澱率是空氣蒸氣混合物的密度與空氣密度的比值的函數。在某些情況，這個比值會變的相當高，而且空氣和蒸氣也有可能會產生分離。

　　在工業衛生議題方面，我們假設氣體和蒸氣是與空氣均勻混合，而且沒有沉澱的產生。對於火災和爆炸的防護，假設完全混合通常是安全的，但是當濃度太高(大約 1～2%)時，分離還是可能發生，尤其在一些較密閉的區域，如機房、儲槽、爐灶和地下室。

3

整體換氣性能量測技術(追蹤氣體量測技術)

3-1 整體換氣性能要求的相關法規

　　隨著科技的進步，通風控制觀念及技術有明顯的改變，在國際上，關於通風管理制度與技術的法規也有所修改，以及給勞工在工作上有更完整的保護。我國「勞工作業環境空氣中有害物容許濃度標準」【1】對作業環境空氣中有害物濃度的容許值(包括八小時日時量平均濃度、短時間時量平均濃度與最高容許濃度)均有所規範，以確保勞工身處安全的工作環境。另外「勞工安全衛生設施規則」【2】中規定在工作場所中每一勞工佔有多少立方公尺體積時，則每分鐘需要相當量之新鮮空氣，故作業場所必須提供一定量以上的換氣量，以調節新鮮空氣、溫度及降低有害物濃度。此外在「有機溶劑中毒預防規則」【3】中亦有提供計算方法，規定整體換氣裝置應依有機溶劑或其混存物之種類，計算每分鐘所需之換氣量，以確保作業環境中有機溶劑的濃度能維持在容許濃度之內。在「鉛中毒預防規則」【4】中亦規定於通風不良之場所從事軟焊作業時，其整體換氣裝置之換氣量，應為每一位從事鉛作業勞工平均每分鐘需有 1.67 平方公尺以上之換氣量。在「粉塵危害預防標準」【5】中規定對從事粉塵作業之室內作業場所，為防止粉塵之發散，應設置整體換氣裝置。故由上述各項標準及規則可說明整體換氣實為整體環境控制的主要來源。

　　在美國 OSHA 制定的職業安全與衛生的標準中，1910.94(a)(4)有關於排氣通風系統(Exhaust ventilation systems)的標準中，規定在建造、安裝、檢驗與維護上必須遵照 American National Standard Fundamentals Governing the Design and Operation of Local Exhaust Systems, Z9.2-1960, 與 ANSI Z33.1-1961 所提出的原則與要求。而針對某些特定化學物質，有另行制定規範，例如鉛，在 1910.1025(e)(4)中有規定，當使用通風系

統來控制暴露時，通風性能確效評鑑指標，例如 capture velocity、duct velocity 或 static pressure 等必須每三個月做一次檢測；而系統若在製程、產出或暴露控制上有任何改變可能會影響員工的暴露情形，則必須要在 5 天內完成通風系統評鑑【6】。而美國 ASHRAE(The American Society of Heating, Refrigerating and Air-Conditioning Engineers)則有針對特定的通風系統，例如實驗室的化學排氣櫃，提供定性與定量的性能確效評鑑方法【7】。1975 年 1 月 1 日日本政府公佈作業環境量測原則，此量測標準包括對作業環境有害物質之(1)量測設計規劃(2)量測取樣及(3)分析等方法。簡單來說此量測原則主要是規範特定層級之作業環境能維持一定之環境品質並且致力去創造較好且較舒適之作業環境。可見得在國外關於通風系統相關規定均有很明確的規範，對於檢查機構與事業單位在執行上均會有一個清楚的判斷準則。

環顧世界各國主要整體換氣性能規範或建議值大都出自於建築與勞安主管部門或相關研究機構，而通風換氣規範主要針對建築物主要用途或人員密度加以區分，以換氣率 ACH 或以人數之換氣量需求訂定之。以下列出各國或研究單位主要整體通風換氣規範或建議。

1. 美國冷凍空調學會

美國冷凍空調學會(American Society of Heating Refrigeration and Air Conditioning Engineers；ASHRAE)【8】對於不同的作業環境訂出了最小通風率的建議，如表 3-1 所示。

表 3-1　不同的作業環境訂出了最小通風率的建議(ASHRAE)

室內環境型態	換氣率	外氣需求	外氣率
一般辦公室	4～10	20 cfm 每人	--
教室	6～20	15 cfm 每人	--
走廊	--	0.1 cfm	--

大中庭	4～15	15 cfm	--
餐館	12～15	12 cfm	--
醫院病房	4	--	1/3
醫院隔離室	15	--	1/3
醫院感染病房	6	--	1/3
生化實驗室	4～10	--	1/3
動物實驗室	4～10	--	100%
解剖室	12	--	1/6
化學品儲藏室	6	--	1/3

註：1.換氣率：供氣量與室內體積比(Air Change per Hour， ACH)；2.外氣率：外氣量與供氣量之比；3.cfm：流量的單位(ft³/min)

2. 美國 UBC 法規

美國 UBC 法規為為美國 ICBO【9】(International Conference of Building Officials)所制訂，多為美東地區各洲、市政府建築管理機關所採用。此法規將建築物依其用途特性劃分為七大類(Group A，B，E，H，I，M，R)，分別就各個不同的類別定義其所屬的自然通風與機械通風法規條文，茲節錄部份條文內容如表3-2 所示。

由於此法規將多種用途空間歸納成一大類，例如 R 群中(GROUP R)就包含了酒吧、商業廚房、賣場、印刷廠、辦公室、工廠、封閉式車庫等用途空間，同一群中並無依用途空間的不同分別而訂定其所需之機械通風量，過度粗略的量值引用往往造成某些特殊用途空間其通風量值與一般空間相同，並未對其特殊性作額外之考量。

表 3-2　美國 UBC 法規中有關自然通風與機械通風量法規條文

類別 Group	空間用途		機械通風量
R	臥室、客房、宿舍		0.4 ACH
R	上述之浴室／廁所		5 ACH
A	集會堂		5CFM/人
B	辦公室、酒吧、廚房、印刷廠、工廠		5CFM/人
B	私人車庫		1.5CFM/ft^2
E	小學、托嬰所		5 CFM／人
A	廁所	集會堂	4 ACH
B		辦公室	4 ACH
E		小學	4 ACH

3.　美國 NBC 法規

　　美國國家建築法規(National Building Code)為美國 BOCA
【10】(Building Official & Code Administrators) 所訂定，多為美
西地區各洲、市政府建築管理機關所採用。NBC 法規中有關通
風條文之架構與內容大抵上皆遵循美國 ASHRAE STANDARD
62-1989 之規定，如表 3-3 所示。

表 3-3　美國 NBC 建築法規中機械通風量法規條文

空間用途		必須通風量 CFM／人
辦公室	會議室	35
	辦公空間	20
	印刷室	$0.5 \text{ CFM}／\text{ft}^2$
住宅	臥室	10 (CFM per room)
	廚房	100 (CFM per room)
餐飲業	酒吧	50
	速食店	35
	餐廳	35
	廚房	30
戲院	觀眾席	35
	大廳	35
	放映室	20

4. 我國建築技術規則

　　我國「建築技術規則」【11】中之建築設備編有針對通風系統通風量進行規範，針對建築物供各種用途使用之空間，設置機械通風設備時，最小通風量需求。相關規範如表 3-4。

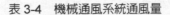

表 3-4　機械通風系統通風量

空間用途	樓地板面積每平方公尺所需通風量 (立方公尺／小時)	
臥室、起居室、私人辦公室等容納人數不多者。	8	8
辦公室、會客室	10	10
工友室、警衛室、收發室、詢問室。	12	12
會議室、候車室、候診室等容納人數不多者。	15	15
展覽陳列室、理髮美容院。	12	12
百貨商場、舞蹈、棋室、球戲等康樂活動室、灰塵較少之工作室、印刷場、打包場。	15	15
吸菸室、學校及其他指定人數使用之餐廳	20	20
營業用餐廳、酒吧、咖啡館。	25	25
戲院、電影院、演藝場、集會堂之觀眾席。	75	75
廚房　營業用	60	60
廚房　非營業用	35	35
配膳室　營業用	25	25
配膳室　非營業用	15	15
衣帽間、更衣室、盥洗室、樓地板面積大於 15 平方公尺之發電或配電室	—	10
茶水間	—	15
住宅內浴室或廁所、照相暗室、電影放映機室	—	20
公共浴室或廁所，可能散發毒氣或可燃氣體之作業工廠	—	30
蓄電池間	—	35
汽車庫	—	25

5. 我國室內空氣品質建議值

依據中華民國 94 年 12 月 30 日行政院環境保護署環署空字第 0940106804 號，相關內容如下：

一、為改善及維護室內空氣品質，維護國民健康及生活環境，特訂定本建議值。

二、本建議值除勞工作業場所依室內空氣污染物濃度標準外，其他室內場所空氣污染物及濃度如下：

項目	建議值			單位
二氧化碳(CO_2)	8 小時值	第 1 類	600	ppm(體積濃度百萬分之一)
		第 2 類	1000	
一氧化碳(CO)	8 小時值	第 1 類	2	ppm(體積濃度百萬分之一)
		第 2 類	9	
甲醛(HCHO)	1 小時值		0.1	ppm(體積濃度百萬分之一)
總揮發性有機化合物　(TVOC)	1 小時值		3	ppm(體積濃度百萬分之一)
細菌(Bacteria)	最高值	第 1 類	500	CFU/m^3(菌落數/立方公尺)
		第 2 類	1000	
真菌(Fungi)	最高值		1000	CFU/m^3(菌落數/立方公尺)
粒徑小於等於 10 微米(μm)之懸浮微粒(PM_{10})	24 小時值	第 1 類	60	$μg/m^3$(微克/立方公尺)
		第 2 類	150	
粒徑小於等於 2.5 微米(μm)之懸浮微粒(PM_{25})	24 小時值		100	$μg/m^3$(微克/立方公尺)

項目		建議值		單位
臭氧(O_3)	8 小時值	第 1 類	0.03	ppm(體積濃度百萬分之一)
		第 2 類	0.05	
溫　　　　度 (Temperature)	1 小時值	第 1 類	15~28	℃(攝氏)

三、(一) 1 小時值：指 1 小時內各測值之算術平均值或 1 小時累
計採樣之測值。

(二) 8 小時值：指連續 8 個小時各測值之算術平均值或 8 小
時累計採樣測值。

(三) 24 小時值：指連續 24 小時各測值之算術平均值或 24
小時累計採樣測值。

(四) 最高值：依檢測方法所規範採樣方法之採樣分析值。

四、(一) 第 1 類：指對室內空氣品質有特別需求場所，包括學校
及教育場所、兒童遊樂場所、醫療場所、老人或殘障照
護場所等。

(二) 第 2 類：指一般大眾聚集的公共場所及辦公大樓，包
括營業商場、交易市場、展覽場所、辦公大樓、地下
街、大眾運輸工具及車站等室內場所。

五、中央各目的事業主管機關及地方政府為改善室內空氣品質得
另訂較嚴格之標準值。

6.　我國勞工安全衛生設施規則

中華民國 96 年 2 月 14 日行政院勞工委員會勞安 2 字第
0960145104 修正，第 12 章第 3 節通風及換氣相關內容如下：

◆第三百零九條：雇主對於勞工經常作業之室內作業場所，除設備

及自地面算起高度超過四公尺以上之空間不計外,每一勞工原則上應有十立方公尺以上之空間。

◆第三百一十條:雇主對坑內或儲槽內部作業,應設置適當之機械通風設備。但坑內作業場所以自然換氣能充分供應必要之空氣量者,不在此限。

◆第三百十一條:雇主對於勞工經常作業之室內作業場所,其窗戶及其它開口部分等可直接與大氣相通之開口部分面積,應為地板面積之二十分之一以上。但設置具有充分換氣能力之機械通風設備者,不在此限。雇主對於前項室內作業場所之氣溫在攝氏十度以下換氣時,不得使勞工暴露於每秒一公尺以上之氣流中。

◆第三百十二條:雇主對於勞工工作場所應使空氣充分流通,必要時,應依下列規定以機械通風設備換氣:

(一)應足以調節新鮮空氣、溫度及降低有害物濃度。

(二)其換氣標準如下:

工作場所每一勞工所佔立方公尺數	5.7 以下	5.7～14.2	14.2～28.3	28.3 以上
每分鐘每一勞工所需之新鮮空氣之立方公尺數	0.6 以上	0.4 以上	0.3 以上	0.14 以上

3-2　追蹤氣體選定

以示蹤氣體量測方法進行作業環境現場通風換氣效能測量或相關通風換氣性能分析已廣為被使用。一般作業環境整體換氣評估主要採用示蹤氣體 "濃度衰減法" 來建立基本之量測準則,與所需之量測儀器。既然是採用示蹤氣體,因此對氣體種類之選擇為第一個課題,所選氣體所搭配的儀器不能太貴重,否則失去其經濟效益。

1.　示蹤氣體選定與量測應用

(1)　示蹤氣體之選定

　　　　氣體進入室內之方式為自然通風或機械通風，雖然經由直接量測進氣口之風速可以換算成室內應有之換氣量，但卻無法考量建築結構上許多無法得知之缺口與縫隙，亦無法同時量測具備多種通風方式與開口之案例，但是利用示蹤氣體技術可量測整體建築於日常使用中之通風現況，其利用示蹤氣體之送入，針對示蹤氣體於空間中之擴散速率、濃度增長或衰減、分佈狀態、進氣量等進行量測，可將室內氣流與通風狀況描述清晰，而一般常用示蹤氣體有很多種類如表 3.5 所示。

　　　為了達成方便追蹤與量測之目的，室內所有人員正常工作時能準確且安全進行示蹤氣體實際量測，示蹤氣體必須具備下列之氣體與量測之特性：

(1)　具備與空氣相似之密度(Similar density to air)。

(2)　於室內外環境中不常存在(Not normally present in the atmosphere)。

(3)　不具毒性(No toxicity)。

(4)　不具爆炸性與可燃性(Neither be flammable nor explosive)。

(5)　不易被其它物質吸收或吸附(Not easily be absorbed or sink)。

(6)　偵測與量測容易(Easily be detected at low concentration)。

(7)　具備可靠之低濃度量測精度(To a good order of accuracy)。

　　　雖然經由直接量測進氣口與排氣口的風量可以換算成該室所具有之換氣量，但是卻無法考量作業環境中許多無法得知的缺口與縫隙對室內流場所造成的影響，然而利用追蹤氣體通風技術(Tracer Gas Techniques)可以有效量測整個作業環境中通風狀況。其利用追蹤氣體之送入,針對追蹤氣體於空間中之逸散速率、濃度增加或衰減、分佈狀態、進氣量等進行量測,可將室內氣流與通風狀況或氣罩之捕集效率描述清晰,本節將利用這些特性,對室內的換氣效率做探討。

表 3-5   一般常用追蹤氣體與偵測範圍

追蹤氣體	危險濃度	分子量	備註
二氧化碳 CO_2	5000ppm	44	
氧化亞氮 N_2O	25ppm	44	
六氟化硫 SF_6	1000ppm	146	
氟氯化物 PFT_s		200～400	

評估以上特性幾乎沒有一種氣體可滿足所有條件。ASTM(1993)曾列出可供參考使用之追蹤氣體如附表 3-5。Sandberg 與 Sjoberg【12】兩位學者曾以 N_2O、CO_2 與 SF_6 為追蹤氣體,結果發現測得之空間平均空氣年齡並無顯著的差異。表 3-5 所列的各種可用示蹤氣體又以 CO_2 有價格經濟、採樣器便宜且不具毒性之優點。但如採濃度衰減法進行作業環境現場整體換氣性能測定,CO_2 較受背景環境之影響,為其缺點,但衡量其優缺點,第一階段建議採用 CO_2 為示蹤氣體進行整體換氣性能測定,如有明顯高濃度情形再輔以 SF6 及 particle 進行校正,找出其通風換氣效率不佳之原因。

2.　二氧化碳指標

以二氧化碳當作室內空氣污染指標有價格經濟、採樣器便宜且不具毒性等多項優點，但對其特性與對人體健康的影響也必須要有基本的認識，才不至於造成疏失，影響身體健康與實驗結果的錯誤。以下就針對其性質與對人體健康的影響做一簡單的敘述。二氧化碳基本上不具毒性，在性質上對人體無害，但在門窗關閉、換氣不良的室內，室內人員多數聚集的場所，二氧化碳濃度升高，血液變酸而易疲倦，使工作效率降低。因此針對室內而言，CO_2 可以視為污染物，為了人體健康著想必須考量其濃度值在合理範圍之內。在很多關於新鮮外氣量的文獻中，CO_2 濃度通常選作人員污染物的衡量指標，如表 3-6 不同國家與組織的濃度限定值【8】所示；另一方面以 ASHRAE62.1-2007 參考的建築物汙染濃度為基準，對於每人平均所處之不同居住面積(人員密度)的住宅而言，其換氣次數的選擇可以劃分為三種情況分別考慮，詳細如表 3-6 所示。

表 3-6　不同國家與組織的濃度限定值

國家／組織	CO_2(ppm)
中國	1000
日本	1000
芬蘭	1800
WHO	2500
ASHARE62	1000

　　作業環境中之二氧化碳除受現場作業人員呼吸影響外，尚有因物質燃燒過程而產生，若其在空氣中濃度超過 4%時，即可能對人體皮膚產生刺激感，頭痛耳鳴，心悸及神經亢奮等現象。若大於 8%則有明顯呼吸困難現象。一但高達 10%則可能喪失意識，對生命造成危險。

　　通常成年女性及兒童之二氧化碳呼出量約為男性 90%及 50%，但從事劇烈工作時，則隨之增加。一般成年男性的二氧化碳呼出量如表 3-7 所示。

表 3-7　成年男性每人每小時的二氧化碳呼出量

新陳代謝率	二氧化碳呼出量(m^3/hr)	
0～1	0.129～0.023	0.022
1～2	0.023～0.033	0.028
2～4	0.033～0.0538	0.046
4～7	0.0538～0.069	0.069

3-3　追蹤氣體的釋放

　　追蹤氣體釋放後，其運動行為應不影響原有之空氣流場。為使追蹤氣體經釋放後即與環境內的空氣混合均勻，可在追蹤氣體釋放端做成多孔狀或多孔圓球形，藉由圓球加大氣流面積以減低氣體流出之速度。追蹤氣體的釋放有下列幾個方式：

1.　由空調之空氣入口處統一釋放。

2. 轉動空間內之風扇,追蹤氣體發生源置於風扇後釋放。

3. 工作人員手持採樣袋(內含追蹤氣體),在空間中走動並擠壓採樣袋。

4. 經由特定之釋放器釋放。

　　一般可參考 ASHRAE STANDARD(ANSI/ASHRAE 110-1995) 之 Method of Test Performance of Laboratory Fume Hoods【13】中 Ejector 系統,製作一個可等量釋放氣體的 Ejector 來釋放追蹤氣體。

3-4　追蹤氣體的量測方法

　　作業環境現場進行整體換氣性能評估、測定,可進一步確認作業環境整體空調通風換氣性能是否符合相關環境需求,要如何有效進行整體換氣性能評估、量測是相當重要的課題。實際上,針對實際建築空間通風換氣效能檢測方法,包括 ASHRAE 美國冷凍空調學會之空調規範、壓力滲漏量量測法以及示蹤氣體量測法。一般應用追蹤氣體技術的量測方式可分成兩類:即為換氣率量測法(Air change rate measurement)及空氣年齡量測法(Age of air Measurement)。

1. 換氣率量測法

　　運用換氣率評估流經作業環境室內空間之氣流,有三種方式可供應用其為「濃度衰減法」(Concentration-Decay Method)、「定量釋放法」(Constant-Emission Method) 及「定濃度法」(Constant-Concentration Method),分述如下【14】:

(1) 濃度衰減法

　　這是利用追蹤氣體量測空氣交換效率(Air-Exchange Rate)以及短時間內量測不同 ACH 值之最基本方式,此法乃先釋放一定量之追蹤氣體,並利用風扇促使室內濃度快速均勻混和,待靜置一段時間後可開始對欲探討之目標物進行通風量測,由於室內氣體之流動與稀釋帶出,室內追蹤氣體之濃度會隨之而衰減,利用計算此衰減率便可得出室內換氣量 ACH 值。其計算方式如(方程式 3-1)所示。由於同一狀態下 ACH 值應相同,故於不同初始濃度狀態下進行之結果應相同(衰減率同)。

Air-Exchange Rate,$N = \dfrac{\ln C(t_1) - \ln C(t_2)}{\Delta t}$　　　　　(3-1)

　　氣體停止釋放後,因新鮮空氣的持續通入而使室內追蹤氣體濃度呈指數函數之遞減。

(2) 定量釋放法

　　此法主要應用於單一空間之長時間連續性量測室內換氣率狀態,或是使用於量測風管氣流逸散狀態。當使用此法進行量測時,追蹤氣體定速定量釋放於空間中,則追蹤氣體每單位時間內供給量相同,量測單位時間內之濃度值,並計算供給量與室內濃度之差值便為單位時間內之換氣量,其計算方式如(方程式 3-2)所示。可利用此定速定量釋放追蹤氣體的特性,藉由噴嘴噴出追蹤氣體以模擬污染源釋放污染物狀況,並利用簡易氣罩及排氣管來捕集追蹤氣體,再將捕集到的追蹤氣體濃度與環境濃度,運用氣罩捕集效率計算公式求出該狀態下之氣罩捕集效率。

Air-Exchange Rate,$N = \dfrac{G}{V \cdot C}$(G:追蹤氣體釋放率)　　　(3-2)

(3) 定濃度法

　　此種方式使用於在一個或多個空間中連續換氣率量測,其

能更有效應用於室內空間使用分析。當使用定濃度法進行時，
其追蹤氣體是利用多點氣體釋放控制儀進行量測，為了保持固
定濃度，需將實測值傳送至控制追蹤氣體釋放量之儀器，同時
並需使用風扇以幫助追蹤氣體與室內空氣混合；但在多數的案
例中，每個區域中的空氣並不需要充分的混合。但如同定量釋
放法般需考量其追蹤氣體之消耗量。其計算方式如(方程式
3-3)：

$$\text{Air-Exchange Rate}，\quad N = \frac{G(t)}{V \cdot C} \tag{3-3}$$

2. 空氣年齡量測法

　　　空氣年齡(Age of Air)是可提供空氣的流動與其在空間中分
佈的數據，因而可用於描述非完全混合空間中之通風情況。此
外，空氣年齡概念常用為機械式通風建築物空調功能評估，在空
調入口處的空氣比出口處年輕，而越年輕的空氣代表越新鮮，即
稀釋污染物的能力越好。一般量測空氣年齡的方法有下列三種
【14】：

(1) 脈衝注射法(Pulse Method)

　　　短時間內注射一少而定量之追蹤氣體，並進行室內與出口
處之採樣點量測，此法最大的優點為可以最少的追蹤氣體進行
快速量測，但因很難維持室內固定混合狀態的濃度而將影響量
測結果。

(2) 濃度階升法(Step-up Method)

　　　連續地注射定量之追蹤氣體於入口處釋放，如此進入室內
空間之氣體便被「標示」，量測室內追蹤氣體濃度增長之狀態，
其計算原理如同濃度衰減法，唯其不同點乃必須將釋放量扣除

量測值以計算之，使用此法的優點為室內空氣無法完全混合時，如飛機場、大賣場等空間。

(3) 濃度衰減法(Step-Down Method)

　　　當注射之追蹤氣體濃度達平衡時，即停止注射追蹤氣體，任其濃度遞減。此法之實驗程序如濃度衰減法換氣量量測之步驟，量測結果之標準衰減曲線如圖 3-1 所示。

以上三種方法測量並記錄追蹤氣體濃度對時間函數之關係，可求得空氣年齡，進而推得室內之氣流型態(Flow Pattern)，以評估空氣的新鮮程度在空間中不同地點之差異。

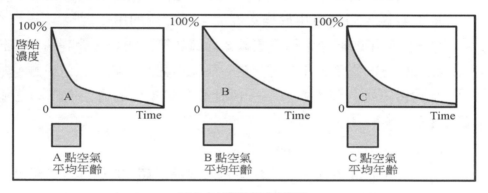

圖 3-1　濃度衰減曲線圖

3. 濃度衰減法換氣率計算方法：

　　　應用一示蹤氣體在一大氣壓下釋放並將之均勻混合(complete mixing)於一密閉空間內，則由質量守恆方程式(mass balance equation)可得下列式子：

$$V\frac{dC}{dt} + QC - QC_{in} = F \qquad\qquad (3\text{-}4)$$

其中　　V：室內有效體積(m^3)
　　　　C：空間內示蹤氣體瞬時濃度
　　　　C_{in}：進入空間之示蹤氣體濃度
　　　　Q：空氣流量(m^3/s)
　　　　F：示蹤氣體釋放率(m^3/s)
　　　　t：時間(s)

　　採用示蹤氣體濃度衰減法評估室內空間之通風效率時，考慮一定量的示蹤氣體均勻分佈於一空間內，其濃度將達到一尖峰值(peak level)$C_{(0)}$。當氣體均勻分佈後，令氣體釋放率 $F=0$。則示蹤氣體被進入之外氣所稀釋時，示蹤氣體的濃度將逐漸地衰減。此時，(3-4)式積分可得下式。因此，換氣率(Q/V)可由示蹤氣體隨時間之濃度衰減曲線取對數的斜率加以求得。

$$C_{(t)} = C_{in} - \left[C_{in} - C_{(0)} \right] \cdot e^{-\frac{Q}{V} \times \Delta t} \tag{3-5}$$

其中　　$C_{(0)}$：示蹤氣體初始濃度
　　　　$C_{(t)}$：示蹤氣體在時間 t 時的濃度

　　由方程式(3-5)，以示蹤氣體濃度之自然對數值為縱軸，取時間為橫軸，將所得之濃度與時間關係繪圖(圖 3-2)，並透過線性迴歸演算法可得作業環境現場整體換氣性能測定之換氣率。

$$\Rightarrow \frac{\ln \left| C_{in} - C_{(t)} \right|}{\ln \left| C_{in} - C_{(0)} \right|} = \frac{-Q}{V} \Delta t$$

$$\Rightarrow \frac{\ln \left[\left(C_{in} - C_{(t)} \right) \big/ \left(C_{in} - C_{(0)} \right) \right]}{t_1 - t_2} = -\frac{Q}{V} = -At + b \tag{3-6}$$

上式中：

A：斜率，其負值爲換氣率

b：截距

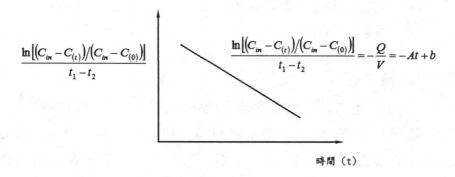

$$\frac{\ln\left[\left(C_{in}-C_{(t)}\right)/\left(C_{in}-C_{(0)}\right)\right]}{t_1-t_2}$$

$$\frac{\ln\left[\left(C_{in}-C_{(t)}\right)/\left(C_{in}-C_{(0)}\right)\right]}{t_1-t_2}=-\frac{Q}{V}=-At+b$$

時間（t）

圖 3-2　示蹤氣體之自然對數值與時間之線性關係示意圖

4. 整體換氣空氣混合因子

　　整體換氣係將一特定空間內所有空氣排出，同時導入外氣以補充排出的空氣，藉此達到通風的目的。由於自外界導入的空氣與室內的污染物混合，降低了污染物的濃度，再藉由排氣的方式將稀釋後的污染空氣排出並補入新的空氣，因此整體換氣亦被稱爲稀釋通風。然而整體換氣透過進氣口引進新鮮外氣進入作業環境與空間中局部位置處(測點)之進行新舊空氣交換、稀釋污染物會因爲空氣於空間中各點的混合程度不同而有所差異，空間中局部點位置稀釋污染物的能力通稱爲實際換氣率(ACH_r)。

　　而進入(或流出)特定空間空氣流量與該特定空間的容積之比值則稱爲空間換氣率，亦稱爲設計換氣率(ACH_d)。由於特定空間可能有障礙物(傢俱、桌椅或櫥櫃等)、洩漏縫隙，導致空氣交換稀釋混合不均勻，因此設計換氣率通常大於等於實際換氣率。

　　而現場量測可由量測出風口風量除以空間容積而得到設計換氣率；實際換氣率則可利用示蹤氣體量測特定點位置之濃度衰減率而得。

　　另可就設計換氣率 ACH_d 與實際換氣率 ACH_r 之比值定義為空氣混合因子 K，如(3-7)式所示。可藉由此混合因子了解作業環境內實際空氣交換稀釋程度。

$$K = \frac{設計換氣率ACH_d}{實際換氣率ACH_r} \geq 1 \tag{3-7}$$

■ 註 解

【1】　行政院勞工委員會，2003：〝勞工作業環境空氣中有害物容許標準。

【2】　行政院勞工委員會，2002，〝勞工安全衛生設施規則〞。

【3】　行政院勞工委員會，2003，〝有機溶劑中毒預防規則〞。

【4】　行政院勞工委員會，2002：〝鉛中毒預防規則〞。

【5】　行政院勞工委員會，2003：〝粉塵危害預防標準〞。

【6】　U.S. Department of Labor，"Regulations (Standards – 29 CFR), Lead – 1910.1025".

【7】　ASHRAE，1995："Standard 110-Method of Testing Performance of Laboratory Fume Hoods", Atlanta, American Society of Heating, Refrigerating and Air-Conditioning Engineers, Inc.

【8】　ASHRAE，2001："ANSI/ASHRAE STANDARD 62-2001-Ventilation for Acceptable Indoor Air Quality", Atlanta, American Society of Heating, Refrigerating and Air- Conditioning Engineers, Inc.

【9】　ICBO Building Code，2000.

【10】　BOCA.，1999："The BOCA National Building Code", Building Officials and Code Administration International, Inc. ，2000.

【11】　內政部營建署，2005：〝建築技術規則〞。

【12】　Sandberg M, Sjoberg M：1983〝The use of moments for assessing air quality in ventilated rooms.〞Building and Environment, Vol.18, pp.181-197.

【13】　NSI/ASHRAE 110-1995,ASHRAE Standard〝Method of Testing Performance of Laboratory Fume Hoods〞, April 14 1995.

【14】　Martin W Liddament：1996〝A Guide to Energy Efficient Ventilation〞 AIVC guide to Ventilation.p194.

整體換氣系統

4

　　作業環境內空氣污染物之控制所採用的通風手法可分成：整體換氣與局部排氣兩種方式。整體換氣以其技術內容又可分成：機械換氣系統與自然換氣系統兩類。整體換氣自古以來是一個有效控制空氣污染物暴露的方法，但有缺點，因為這個方法允許了污染源之污染空氣和工作場合的新鮮空氣混合在一起。所以採用整體換氣時，必需將受污染的空氣稀釋到可令人接受的暴露層級；或者，於非人員活動區例如防火區，則須降低污染空氣濃度使其不會爆炸(如：＜10%LEL)。

　　在作業環境內，人員可允許暴露在固定工作場合，但此工作地點需有通風系統保護。不過此暴露量須維持在「安全」層級的暴露量，而我們稱 Ca 為安全暴露允許濃度。至於在作業環境內何時適合採用整體換氣系統，何時不適用，可由表 4-1 之說明瞭解。

表 4-1　整體換氣適用條件比較表

利用整體換氣控制室內污染源之條件	
適用條件	·污染源並無致命毒性 ·污染源最初為蒸氣或氣體，或者為適於呼吸的大小 ·污染源始終發生於常態 ·污染源到處都是 ·污染源離人有一定距離 ·非高、低溫條件 ·外在環境比工作場合乾淨
不適用條件	·污染源具有高度毒性 ·污染源為大顆粒 ·只有部分環境具有污染源 ·為局部的大污染源 ·工作人員在污染源附近 ·建築物在特殊氣候中 ·污染源使得附近環境變的惡劣 ·即使暴露量低於 TLV 或 PEL，但還是導致污染源濃度過高而使人員發生過敏或身體不適

當不適用條件愈多時，則稀釋換氣的體積需要增加，結果也會導致成本增加。局部通風或者其它暴露量控制的方法就需要加以考量使用。

就算初步條件表明要使用稀釋換氣，仍然還需要完成在第二章中所介紹的「問題特性描述」的工作。如果還是決定這麼做，還是要把下面的評估原則弄清楚再決定最後的做法。

4-1　通風方式選擇評估原則

1. 決定可接受的暴露濃度，Ca (Acceptable Concentration)

    如前所述，整體換氣通常會被使用在作業環境中。當你急切的想要決定可接受的暴露範圍時，通常只是根據資料並不齊全的 TLV(Threshold Limit Value)；PEL(Permissible Exposure Limit)(例如，通常會選用 10%的 PEL)來決定。如果結果並不在接受範圍內，或許我們只會說：因為我們並不能算出需要的體積流率，所以我們只能盡力去做。

2. 污染源

    徹底的了解污染源是相當重要的。這包括了以下幾點：

    (1) 描述製程和操作流程。

    (2) 描述污染源。

    (3) 污染源的化學組成，包含了化學成分、大小、形狀和溫度。

    (4) 單位時間內污染源的逸散率。

    最困難的部分就是上述的最後一項。估計污染源的體積流率需要相當細心的調查工作以及衛生學者的專門技術。這包括：

    (1) 從工作場合中開始。了解「你會在一天中用多少量？」損耗的材料都到哪裡去了？在屋頂上？在空氣中？還是在地下水中？

(2) 跟送貨員或儲藏室保持密切關係,了解「到底送了多少原料去工作場合中」。

(3) 利用各種設備完成材料的平衡,方式如下:

進貨的總量－出貨的總量=逸散物的總量

(4) 利用公式追蹤員工的暴露層級。

某些作業環境問題的特性有時是困難且須花費相當長時間去瞭解。不過最常估計逸散率的方法就是根據可靠的經驗公式。

英制單位   公制單位

$$q = \frac{387 \times 蒸發量\,(lb)}{MW \times t \times d} \quad (4\text{-}1) \qquad q = \frac{0.0241 \times 蒸發量\,(g)}{MW \times t \times d} \quad (4\text{-}2)$$

其中

q:是蒸氣量(ft^3/s 或 m^3/s)

MW:是莫耳重量

t:是液體蒸發的時間間隔

d:是密度修正因子(見第二章)

3. 空間與氣流的特性

利用空間中存在的所有物理特性,如長、寬、高、家俱擺設等,建立出平面圖將會很有幫助。現有通風知識也是相當重要的(例如,整體換氣的加熱器,打開門窗,「隨身涼」局部排氣系統,及其它已存在的換氣系統。)當然也要學習普通的空氣動力學知識－方向及速度。

4.　氣候條件造成的影響

　　　氣象資料之取得是相當有幫助的，因為溫度和風的改變在整體換氣系統中有著很大的影響。尤其戶外每日平均溫度的估計和風速的平均值是相當有用的。戶外每日平均溫度可以用來估計熱的需求和成本。風速則可用來估計建築物受自然風的影響。例如，如果一直有南風對著建築物持續的吹，稀釋空氣或許會因此而要設計與風同向。

　　　大多數的工業建築通常都是開放某些角度。包含了門窗，以及在門窗、牆壁中自然而然造成的裂縫或缺口。因此，大多的窗戶通常都會對內部氣流造成某些影響。

5.　員工工作習慣的特性

　　　要完全的了解工作特性是相當必要的，特別是員工的工作範圍。而這些包含了：

(1)　員工的位置。

(2)　時間長短(員工在某些特定位置停留的時間)。

(3)　暴露量。

(4)　員工的訓練，教育及在職訓練。

　　　有些管理是近似的，例如在稀釋換氣的條件下，員工的訓練及配合度決定了成功與否。

6.　預估需要的稀釋空氣量

　　　稀釋空氣量的多寡需要由以上所介紹的各種條件來決定。穩態下稀釋氣體或蒸氣量的多寡可由下列方程式來描述：

$$Q_d = (q/C)K \tag{4-3}$$

其中 Q_d 是稀釋的空氣流率，q 是污染源的產生率，C 是平衡後氣體或蒸氣的濃度，K 是因真實氣體無法完全均勻混合而產生的修正因子。

如果已知三個變數，則可求出第四個未知數，例如：

$$C=(q/Q_d) \quad 或 \quad q=\frac{Q_d \times C}{K} \quad 或 \quad K=\frac{Q_d \times C}{q}$$

(4-3)式可修改成更好用的方程式：

$$Q_d = \frac{q \times 10^6 \times K_{mix}}{C_a} \tag{4-4}$$

Q_d ：是實際稀釋空氣之體積流率【US= ft^3/min；SI= m^3/sec】

q ： 是污染源逸散的體積流率【US= ft^3/min；SI= m^3/sec】

C_a ：是允許暴露的最大限度【單位 ppm】

K_{mix} ：是因未完全混合而追加的修正因子【無單位】

　　K_{mix} 值的大小介於 1.5 及 4 之間(雖然在過去有些甚至用到 10，而且在操作手冊中廣為使用)，但想想，如果 K_{mix} 值達到了 10 或者更多，逸散率的不確定性似乎就變的太大了。工業通風中典型的 K_{mix} 值大多設為 2。參閱表 4-2，在表中列出一些常用的混合因子。通風手冊及其他的教科書為了簡化上式通常會用理想氣體 Q' 來代替 Q_d，其先決條件為混合因子用假設的值。

$$Q' = \frac{Q_d}{K_{mix}} \tag{4-5}$$

　　如果整體換氣系統能符合以下的條件，則更低的混合因子 K_{mix} 可被選用，而換氣將會變得更有效率：

(1) 稀釋空氣經由污染區的途徑。指的是補給空氣輸送的方法以及提供出口的導氣閘門。

(2)　更有效率地分配補給空氣。例如，設計提供需要的替換空氣。

表 4-2　一般常用混合因子之條件與範圍

混合因子 (Kmix)	一般辦公室空間(空調)	一般作業環境(工業通風)
1.0 至 1.1	空氣混合狀況。辦公室空間開闊且進氣與回風情況良好沒有障礙物	大部分作業環境之通風設計皆無法達到此條件值
1.2 至 1.4	較佳之混合狀況。辦公室空間開闊有少許障礙物在進氣與回風路徑	非常好之混合條件。開闊空間有非常好的排氣與補氣位置，沒有障礙物於氣流路徑上且有輔助風扇以協助混合
1.5 至 2.0	一般之混合狀況。進氣與回風位置不好且有障礙物於氣流路徑中	較好的混合條件。一般可接受的排氣與補氣口位置，沒有障礙物在氣流路徑中，有輔助風扇可協助氣流混合
2.1 至 3.0	較差之混合情況。辦公室空間擁擠且有隔間，不良的進氣與回風口位置，沒有輔助電扇可協助空氣混合	可接受之混合狀況。不是太好的排氣與補氣進口位置；高天花板；少數輔助電扇且有障礙物於氣流路徑中，作業人員有機會接近污染源
3.1 至 4.0	無法接受之混合狀況。辦公室空間需改進才可使用	較差的混合情形。不良的排氣與補氣口位置，有隔間，沒有補助風扇，作業人員經常性於污染源附近工作，混合情況需改進
5.0 以上	無法接受之混合情況。需改善後才可使用	

備註：$K_{mix} = \dfrac{實際所需最少置換空氣量\ (Q_d)}{理想所需最少置換空氣量}$

(3)　將稀釋空氣導入，使得員工在污染源的上風處。如此一來，稀釋空氣會在員工的工作區域發揮作用。

(4)　盡可能將污染源關閉或排出。

(5)　確定輔助風扇能將污染源驅散而提高稀釋效率。

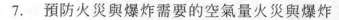

7.　預防火災與爆炸需要的空氣量火災與爆炸

　　空氣中含有的可燃物質，在一定條件下能與氧氣進行劇烈的氧化反應，可能發生爆炸。某些可燃物質如糖、糧食粉末、麵粉、煤粉、植物纖維末在常態下是不易爆炸的，但是，當它們以粉末狀態懸浮在空氣中與氧充分接觸，如果在局部地點形成了可燃性物質與氧發生氧化反應所需的溫度，在此地點會立刻發生氧化反應。氧化反應生成的熱量向周圍空間傳播，若能使周圍的可燃物與空氣的混合物很快達到氧化反應所必需的溫度，由於連鎖反應，能在極短的時間內使整個空間的可燃混合物均發生劇烈的氧化反應，產生大量的熱量和燃燒產物，形成急劇增高的壓力波，即產生爆炸。

　　空氣中的可燃物濃度是能否形成爆炸的決定因素。如果濃度過小，空氣中可燃物質點之間的距離大，一個質點氧化反應所生成的熱量還沒有傳遞到另一個質點，就被周圍空氣所吸收，致使混合物達不到氧化反應的溫度。如果可燃物質濃度太大，混合物中氧氣的含量相對不足，同樣不會形成爆炸。由此可見，可燃物發生爆炸有一個範圍，這個範圍稱為爆炸濃度極限。

　　在 121℃ 以下可燃性氣體之蒸氣與空氣以某特定比例混合，如能達到燃燒條件時，則稱此條件為爆炸界限，爆炸界線可依可燃性氣體之多寡分成爆炸下限(Lower Explosion Limit；LEL)及爆炸上限(upper Explosion Limit；UEL)兩種，此兩種範圍可因環境之壓力及溫度而變化。一般常用較簡單之稀釋可燃性氣體(即加入空氣量)之計算公式如下：

$$Q = \frac{24.1\,\ell/\text{mole} \times 10^{-3}\,\text{m}^3/\ell \times W(\text{g/hr})}{\dfrac{LEL}{\eta} \times \text{M}(\text{g/mole})} \qquad (4\text{-}6)$$

Q：防爆條件下之最低空氣量【m³/hr】

W：可燃性氣體之蒸發量【g/hr】

M：可燃性氣體之分子量【g/mole】

LEL：爆炸下限【%】

η：安全係數【3 至 10】

　　上述分析說明，通風系統發生爆炸的必要條件是：首先，空氣中的可燃物質含量進入了爆炸濃度極限；同時，遇到了火花或其他火源。因此，在設計有爆炸危險的通風系統時，應注意以下幾點：

(1) 系統風量除滿足一般的通風要求，還應校核其中可燃物的濃度。如果可燃物的濃度在爆炸濃度的範圍內，則應按照下式增加風量：

$$L \geq \frac{x}{0.5y} \tag{4-7}$$

式中，x—在局部排風罩內每秒排出的可燃物量或每秒產生的可燃物量【g/s】

y—可燃物爆炸濃度下限【g/m³】。

(2) 防止可燃物在通風系統的局部地點(死角)積聚。

(3) 選用防爆風機，並採用直聯或聯軸器傳動方式。採用 V 帶傳動時，為防止靜電火花，應妥善接地。

(4) 有爆炸危險的通風系統，應設防爆門。在發生意外情況，系統內壓力急劇升高時，依靠防爆門自動開啟洩壓。

(5) 對某些火災危險大的和重要的建築物、高層建築和多層建築，在風管系統中的適當位置應當裝設防火閘門。

(6) 在有火災危險的車間中，送、排風裝置不應當設在同一通風機室內。

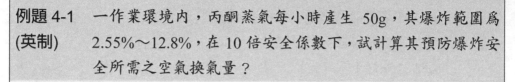

例題 4-1　一作業環境內，丙酮蒸氣每小時產生 50g，其爆炸範圍為
(英制)　　 2.55%～12.8%，在 10 倍安全係數下，試計算其預防爆炸安
　　　　　全所需之空氣換氣量？

解　答

丙酮之分子量為 58，則其預防爆炸所需的換氣量為：

$$Q = \frac{24.1(l/mole) \times 10^{-3}(m^3/l) \times 50(g/hr)}{\frac{0.025}{10} \times 58(g/mole)} = 8.15 \ m^3/hr$$

4-2　空氣的置換

　　流率，及 ACH 代表了每小時空氣的替換量。有時設計規範會要求
含有可燃物的空間內之 ACH。「理論上」，空氣的替換指的是整個空間
內的空氣都須被替換。但實際上，更換的只不過是局部的地方罷了。

　　「每小時空氣的置換量」是種較古老也較不實用的通風量測方法。
其公式如下：

英制　　　　　　　　　　　公制

$$N = \frac{Q \times 60}{V_r} \qquad\qquad N = \frac{Q \times 3600}{V_r} \tag{4-8}$$

其中：

　　ACH ：是每小時空氣的更換數

　　Q ：是空氣體積流率【US= ft^3/min ，SI= m^3/sec】

　　V_r ：是空間容積【US= ft^3 ，SI = m^3 】

**例題 4-2
(英制)**　當 0.5 加崙的甲苯均勻逸散了 8 個小時到一個 10 ft×8 ft×40 ft 的空間後，所需要的蒸氣量 q 爲多少體積流率？如果 $K_{mix}=2$，需要稀釋到 10 ppm，所需的體積流率 Q_d 又是多少？(假設在一大氣壓下，d=1.0)可參閱表 4-2 選擇混合因子。

解答

在 10 ft×8 ft×40 ft 的空間中，從附錄 A 得知，SG=0.866，MW=92.1

$$q = \frac{387 \times \text{lbs}(蒸發量)}{MW \times 時間 \times d} \quad (其中，蒸發量=gal \times 8.31 \times SG)$$

$$q = \frac{387 \times 0.5\text{gal} \times 8.31 \text{ lbs/gal} \times 0.866}{92.1 \times 480\text{mins} \times 1.0} = 0.0315\text{ft}^3/\text{min}$$

$$Q_d = \frac{q \times 10^6 \times K_{mixing}}{C_a(\text{ppm})}$$

$$Q_d = \frac{0.0315 \times 10^6 \times 2}{10} = 6300 \text{ ft}^3/\text{min}$$

$V_{face} = Q_d/A = 6300/80 = $ about 80 ft/min

**例題 4-3
(英制)**　當 500 克的二甲苯均勻逸散超過 4 個小時後，所產生的蒸氣量 q 爲多少體積流率？如果 $K_{mix}=1.5$，需要稀釋到 25 ppm，所需的體積流率 Q_d 又是多少？(假設在一大氣壓下，d=1.0)

解答

從附錄 A 得知，MW=106.2

$$q = \frac{0.0241 \times 500}{106.2 \times 4 \times 60 \times 60 \times 1.0} = 7.88 \times 10^{-6} \text{ m}^3/\text{s}$$

$$Q_d = \frac{7.88 \times 10^{-6} \times 10^{+6} \times 1.5}{25} = 0.47 \text{ m}^3/\text{s}$$

例題 4-4　如例題 4-2 及 4-3，求出流率 ACH (假設在兩個例題中的空
(公/英制)　間都相同)

解 答

空間體積 $=V_r=$ 10 ft $\times$ 8 ft $\times$ 40 ft $=$ 3200 ft^3
　　　　　　【3200 $\times$ 0.0283 $=$ 90.5 ft^3】

$$ACH = \frac{Q \times 60}{V_r} = \frac{6300 \times 60}{3200} = 120 \text{ ac/hr (圓孔)}$$

$$ACH = \frac{Q \times 3600}{V_r} = \frac{0.47 \times 3600}{90.5} = 19 \text{ ac/hr (圓孔)}$$

　　以上的計算上都假設在穩態中進行(需要一直維持著平衡濃度)。但要能夠預測作業環境中污染物濃度的成長速率，或是淨化需要時間。濃度隨時間變化之關係合理假設如下式所示。

$$t = -\frac{V_r}{Q'} \ln \frac{C_2}{C_1} \tag{4-9}$$

　　上式可由好幾種方式加以修改而變得更加實用，最常用的方程式如下：

$$t = -K_{\text{mix}} \times \left(\frac{V_r}{Q_d}\right) \times \ln\left(\frac{\dfrac{q \times 10^6}{Q_d} - C_2}{\dfrac{q \times 10^6}{Q_d} - C_1}\right) \tag{4-10}$$

　　q 是污染源產生率【英制$=$ ft^3/min；公制$=$ m^3/s】；C_2 是逸散源的濃度，以 PPM 表示，時間以分鐘計。如果濃度單位為 mg/m^3，用下式轉換為 PPM ：

$$ppm \times MW = mg/m^3 \times 24.1$$

ln：是自然對數

C_1：是初始濃度，C_2 是最終濃度，單位皆為 ppm

Q_d：是稀釋空氣體積流率【英制= ft³/min；公制= m³/s】

V_r：是空間內之容積【英制= ft³；公制= m³】

t：為時間【英制=分鐘；公制=秒】　　　($t=t_2-t_1$)

K_{mix}：是混合因子。如果混合良好，K_{mix}=1.1 至 1.2。

如果為完美的均勻混合，K_{mix}=1。

(註：如果括弧中的數值是負號，指在特定的情況下污染濃度不會增加。)

例題 4-5 (英制)　在以下的條件中，丙酮的濃度需控制在 750 ppm，時間需要多久？一大氣壓，K_{mix}=2

解 答

C_1=0
C_2=750 ppm

	英制	公制
V_r	100,000 ft³	2832 m³
q	2.25 ft³/min	0.00106 m³/s
Q_d	2000 ft³/min	0.9440 m³/s

英制

$$t = -2 \times \left(\frac{100000}{2000} \right) \times \ln \left(\frac{\frac{2.25 \times 10^6}{2000} - 750}{\frac{2.25 \times 10^6}{2000} - 0} \right)$$

$$t = -2 \times 50 \times \ln\left(\frac{375}{1125}\right) = -100\ln 0.333 = 110\,\text{min}$$

公制

$$t = -2 \times \left(\frac{2832}{0.944}\right) \times \ln\left(\frac{\dfrac{0.00106 \times 10^6}{0.944} - 750}{\dfrac{0.00106 \times 10^6}{0.944} - 0}\right)$$

$$t = -2 \times 3000 \times \ln\left(\frac{373}{1123}\right) = -6000\ln 0.332 = 6600\,\text{second} = 110\,\text{min}$$

例題 4-6　一個汽車車庫經常有過高的一氧化碳。要多久的時間才能淨
(英/公制)　化車庫？以下是條件：一大氣壓下，$K_{\text{mix}} = 1.5$

解 答

$C_1 = 10,000\,\text{ppm}$
$C_2 = 25\,\text{ppm}$(在時間 t 後不可超過此濃度)

	英制	公制
V_r	11500 ft^3	325.7 m^3
q	0 ft^3/min	0 m^3/s
Q_d	3000 ft^3/min	1.416 m^3/s

公制

$$t = -1.5 \times \left(\frac{11500}{3000}\right) \times \ln\left(\frac{\dfrac{0 \times 10^6}{3000} - 25}{\dfrac{0 \times 10^6}{3000} - 10000}\right)$$

$$t = -1.5 \times 3.833 \times \ln\left(\frac{-25}{-10000}\right) = -5.75\ln 0.0025 = 34\,\text{min}$$

英制

$$t = -1.5 \times \left(\frac{325.7}{1.416}\right) \times \ln\left(\frac{\dfrac{0 \times 10^6}{1.416} - 25}{\dfrac{0 \times 10^6}{1.416} - 10000}\right)$$

$$t = -1.5 \times 230 \times \ln\left(\frac{-25}{-10000}\right) = -345 \ln 0.0025 = 2067 \text{ sec} = 34 \text{ min}$$

在上述例子中，並無考慮到污染物的繼續生成(也就是 $q=0$)。可接方程式(4-10)簡化成以下的方程式，可用來預測經由一段時間的稀釋後，其濃度可能產生的變化。

$$C_2 = C_1 e^{\frac{-Q_d \Delta t}{K_{mix} \cdot V_r}} \tag{4-11}$$

例題 4-7
(公/英制)　一個汽車車庫經常有過高的一氧化碳 (C_1=500 ppm)。如果提供了 30 分鐘的稀釋空氣，請問 CO 的濃度將會是多少？以下是條件：一大氣壓下，K_{mix}=2.0

解 答

	英制	公制
Vr	10000 ft^3	283.2 m^3
Q_d	200 ft^3/min	0.0944 m^3/s
T	30 min	1800 second

英制

$$C_2 = 500 e^{\frac{-200}{2 \times 10000} \times 30} = 500 e^{-0.30} = 500 \times 0.74 = 370 \text{ppm}$$

公制

$$C_2 = 500 e^{\frac{-0.0944}{2 \times 283.2} \times 1800} = 370 \text{ppm}$$

4-3　通風換氣除熱

　　整體換氣系統通常可用於移除工業設備、倉庫及其他建築內的熱源，或機械未提供蒸發所需的冷卻之場所。可以採用機械換氣方式，以風機等設備或自然換氣方式將熱空氣移除，所以理所當然的假設替換空氣比室內空氣溫度還低。

　　顯熱的公式(不包括空氣中的水氣)如下：

$$Q_r = \frac{btu/hr}{1.08 \times \Delta t} \tag{4-12}$$

其中　　Q_r=移除熱的體積流率

　　　　btu/hr=由人、光、馬達、熱源、機械、日光所產生的熱量

　　　　Δt=介於室內與室外間所要求的溫度差

例題4-8　夏季裡，在大型倉庫中，穩態時溫度差可達到 30°F，比室外溫度還高。當稀釋空氣的體積流率 Q 近似於 100000 cfm 時，如果要室內外溫度差達到 10°F，所需之體積流率？

解答

首先先解出建築物內近似的熱源產生量：

$Q_r = \dfrac{btu/hr}{1.08 \times \Delta t} = \dfrac{btu/hr}{1.08 \times 10} = 100000 \ ft^3/min$，所以，btu/hr = 3240000

現在求出溫度為 10 度差時：

$Q_r = \dfrac{btu/hr}{1.08 \times \Delta t} = \dfrac{3240000}{1.08 \times 10} = 310000 \ ft^3/min$

在自然換氣設計部分，因爲暖空氣比冷空氣還要輕，所以暖空氣會上升。之後此上升空氣被冷空氣取代，而引起空氣產生垂直方向的流動。暖空氣將會上升並產生"重力通風系統"，較冷的空氣從水平地面進入建築物中。以下公式可用來估計穩態時建築物中空氣的流動率。

英制：　　$Q=10A\times(H\Delta t)^{0.5}$　　公制：　　$Q=0.12A\times(H\Delta t)^{0.5}$　　　　(4-13)

A：　建築物入口或出口的面積；上風處或下風處之開放區域，屬於小型區域面積 [英制= ft^2；公制= m^2]

H：　建築物入口至出口之間的高度 [英制= ft；公制= m]

Δt：室內平均溫度與室外間之溫度差異 [英制=華氏；公制=攝氏]

例題 4-9　假設平均室內空氣溫度比室外空氣溫暖 $10°F(5°C)$，A=400 ft^2 (37 m^2)，H=30 ft (9m)，空間體積=100000 ft^3 (2800 m^3)，則每小時空氣換氣率爲多少？

解答

$Q \approx 10\ (400)\ (17.3) \approx 70000\ ft^3/min$
$Q \approx 0.12\ (37)\ (7.0) \approx 30\ m^3/s$
$ACH \approx 40$ 每小時空氣換氣率
$\left(\dfrac{70000cfm \times 60}{100000} \approx 40\ ;\ \dfrac{30cms \times 3600}{2800} \approx 40 \right)$

4-4　機械通風換氣系統

通風工程的任務主要是以通風換氣的手法，改善作業環境內的空氣環境。概括地說，是把局部位置或整個空間內的汙濁空氣排至室外(必要時經過淨化處理)，把新鮮(或經過處理)空氣送入室內。前者稱爲排氣，後者稱爲進氣，由通風工程任務所需的設備、管道及其零件組成的整體，稱之爲通風系統。

　　根據前面章節的介紹，通風系統可分成機械通風系統與自然通風系統兩大類。

一、機械通風換氣系統

　　機械通風系統大致可分爲進氣與排氣設計兩大部分，一般用於作業環境汙染物濃度較高或有毒性的場合。

1. 機械進氣設計

　　此方式爲利用機械動力風機將室外新鮮外氣經由風管或開口部導入作業環境內，使室內氣流形成正壓而將室內產生之汙染物藉由環境內之開口部流出至戶外或走道，此法較不適用於有惡臭或毒性物質之作業環境，但對於室內溫、濕度之調節則有一定之效果。

2. 機械排氣設計

　　此設計是利用設置於作業環境四周或屋頂之機械動力風機將作業環境內之空氣汙染物抽出，因作業環境內形成負壓，因此新鮮外氣可由四周之開口部進入作業環境內，達成通風換氣之目的，但此種排風設計之流道會經過大面積之作業環境，因此較適用於汙染量低且無惡臭類之空氣汙染物。

3. 機械進/排氣設計

　　嚴格而言，在一有空氣汙染物不斷產生的作業環境僅採用機械進風或機械排風系統之設計都是不理想的，因空氣汙染物排除過程中會造成原來清淨區域之汙染，因此理想的機械通風換氣系統應同時包括機械進氣與排氣系統，讓空氣汙染物循著我們所規劃的路徑或開口排除，而新鮮空氣也由我們所設計的乾淨區域進入較佳。

　　一般而言風機可被裝設在天花板或建築物的下風處牆壁上。表 4-3
是說明典型員工工作場所所需之空氣換氣率，這些空氣換氣率通常是會
變動的。它可保持瞬間製程逸散物在控制之下，可將在空間中所產生的
熱去除。但以每小時空氣轉換"(ACH)"作為良好通風設計的方法並不
是最好的設計法，因還有更多合適的方法包括"百分百外界空氣"和
"ft³/min/人"。可更精確的提供適當的環境所需換氣量。但 ACH 仍是
較常用的，因此本書中也嘗試使用 ACH 做為換氣指標之應用。

表 4-3　一般作業環境所需之空氣交換率

場所	每小時空氣轉換(ACH)
麵粉廠	12～60
蒸汽房	15～60
釀造廠	8～30
化學儲藏室	6～15
教室	11～15
乾洗店	11～60
機房	30～60
輕工廠	6～20
重工廠	11～60
鐵工廠	30～60
鑄造工廠	20～60
汽車修車廠	6～30

表 4-3　一般作業環境所需之空氣交換率(續)

場所	每小時空氣轉換(ACH)
玻璃工廠	12～40
廚房	20～60
機械店	11～20
造紙廠	8～30
鉓實驗室	7～20
辦公室	6～20
廁所	12～30
倉庫	4～6

4-5　自然通風換氣系統【1】

　　自然通風是指利用建築物內外空氣的密度差引起的熱壓或室外大氣運動引起的風壓引進，室外新鮮空氣達到通風換氣作用的一種通風方式。它不消耗機械動力，同時，在適宜的條件下又能獲得巨大的通風換氣量，是一種經濟的通風方式，自然通風在一般的居住建築、普通辦公樓、工業廠房(尤其是高溫作業環境)中有廣泛的應用，能經濟有效地滿足裡面人員的室內空氣品質要求和生產品質的一般要求。

一、自然通風原理

　　雖然自然通風在大部分情況下是一種經濟有效的通風方式，但是，它同時又是一種難以進行有效控制通風的方式。我們只有在對自然通風作用原理了解的基礎上，才能採取一定的技術措施，使自然通風基本上按預想的模式運行。如果建築物外牆上的開口兩側存在壓差 ΔP，空氣就會流過該開口，空氣流過開口時的阻力就等於 ΔP。

$$\Delta P = \frac{\zeta \rho v^2}{2} \tag{4-14}$$

ΔP：開口兩側的壓力差(pa)

v：空氣流過開口時的流速(m/s)

ρ：通過開口空氣的密度(kg/m³)

ζ：開口的局部阻力係數

上式也可改寫為：

$$v = \sqrt{\frac{2\Delta P}{\zeta \rho}} = \mu \sqrt{\frac{2\Delta P}{\rho}} \tag{4-15}$$

式中 μ 為窗孔的流量係數，$\mu = \sqrt{1/\zeta}$，μ 值的大小與開口的構造有關，一般小於 1。通過開口的空氣量按下式計算：

$$Q = L\rho = vA\rho = \mu A \sqrt{2\Delta P \rho} \tag{4-16}$$

Q：通過開口的空氣量(kg/s)

L：通過開口的空氣流量(m³/s)

A：開口的面積(m²)

由式(4-16)可以看出，如果開口兩側的壓差 ΔP 和開口的面積 A 已知，就可以求得通過該孔的空氣量 Q。要實現自然通風，開口兩側必須在壓差 ΔP。下面分析在自然通風條件下，自然通風壓差 ΔP 是如何產生的。

二、風壓作用下的自然通風

1. 風壓

室外氣流吹過建築物時，氣流將發生繞流。在建築物附近的平均風速隨建築物高度的增加而增加。迎風面的風速和風的紊流

4-21

度對氣流的流動狀況和建築物表面及周圍的壓力分佈影響很大。以圖 4-1 可以看出，由於氣流的撞擊作用，迎風面靜壓力高於大氣壓力，處於正壓狀態。在一般情況下，風向與該平面的夾角大於 30°時，會形成正壓區。

室外氣流發生建築繞流時，在建築物的頂部和後側形成旋渦。屋頂上部的渦流區稱爲回流空隙，建築物背風面的渦流區稱爲迴旋氣流區。根據流體力學原理這兩個區域的靜壓力均低於大氣壓力，形成負壓區，我們把它們統稱爲空氣動力陰影區。空氣動力陰影區覆蓋著建築物下風向各表面(如屋頂、兩側外牆和背風面外牆)，並延伸一定距離，直至基本恢復平行流動的尾流。由於室外空氣流動造成的建築物各表面相對未擾動氣流的靜壓力變化，即風的作用在建築物表面所形成的空氣靜壓力變化稱爲風壓。

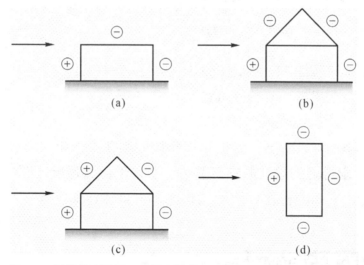

圖 4-1　建築物在風壓下的壓力分佈　(a)平屋頂建築　(b)30°角屋頂建築
(c) 45°角屋頂建築　(d) 建築平面圖

2.　風壓作用下的自然通風計算

在建築物四周由風力產生的空氣靜壓力變化所附加的壓力值可用下式計算：

$$\Delta P = \frac{Kv^2\rho_0}{2}\qquad\qquad(4\text{-}17)$$

ΔP：風壓(pa)

K：空氣動力係數

v：未受擾動來流的風速(m/s)

ρ_0：室外空氣密度(kg/m)

其中，空氣動力係數 K 主要與未受擾動氣流的角度相關，在較複雜情況下需要通過風洞實驗來確定不同位置的值。空氣動力係數可正可負，K 為正時表示該處的壓力比大氣壓力高了 ΔP；反之，負值表示該處的壓力比大氣壓力減少了 ΔP。在正方形或矩形建築物的迎風側 K 在 0.5～0.9 範圍內變化；背風側 K 在－0.3～－0.6 範圍內變；在平行風向的側面或與風向稍有角度的側面 K 為－0.1～－0.9；傾角在 30°以下的屋面前緣 K 約為－0.8～－1.0，其餘部分 K 約為－0.2～－0.8；大傾角的屋面迎風側的 K 約為 0.2～0.3，背風側 K 約為－0.5～－0.7。

建築在風壓作用下，具有正值風壓的一側進風，而在負值風壓的一側排風，這就是在風壓作用下的自然通風。自然通風量與正壓側和負壓側的開口面積、風力大小有關。假設建築物只在迎風的正壓側有窗，當室外空氣進入建築物後，建築物內的壓力水平就升高，最後與迎風側的壓力一致。而如果在正壓側和負壓側都有門窗，就能形成貫通室內的空氣流，這種自然通風模式稱為穿堂風。風壓作用下自然通風量的計算步驟是：首先確定在風壓作用下的室內壓力，然後計算出在室內外壓差作用下的進風量或排風量。在壓差作用下的通過孔口的通風量可用式(4-16)計算，但是，當孔口或縫隙的尺寸很小時，應該用下式計算：

$$L = \mu A \left(\frac{2\Delta P}{\rho} \right)^n \qquad (4\text{-}18)$$

式中符號的意義與式(4-16)相同，對於窄門窗縫可取 n=0.65。

溫差與風壓共同作用下的自然通風可以認爲是它們的代數疊加。也就是說，某一建築物受到風壓、熱壓同時作用時，外圍護結構各窗孔的內、外壓差就等於風壓加上溫差單獨作用時窗孔內外壓差之和。但在一般在計算自然通風換氣時並不考慮外風壓之效應，僅單獨考慮作業環境內之溫差效應，設計計算自然通風換氣效應時不考慮風壓作用的一個原因是：風壓作用下的自然通風與風向有著密切的關係。由於風向的轉變，原來的正壓區可能變爲負壓區，而原來的負壓區也可能變爲正壓區。而且，規範中列出的城市中，有很多城市只有靜風的出現頻率超過了 50%；而其它任一風向的頻率不超過 25%；大部分城市主導風向的頻率也就在 15%～20%之間，並且大部分城市的平均風速較低。因此，由風壓引起的自然通風的不確定因素過多，無法眞正應用風壓的作用原理來設計可靠性較高的有組織自然通風。雖然如上所述，我們無法精確、定量地在設計中計算風壓的影響，但是我們仍然應該瞭解風壓的作用原理，定性地考慮它對通風系統和熱壓作用下自然通風的影響。

自然通風換氣的計算

自然通風的計算一般都採用"溫差法"較多，計算時一般只考慮夏季情況。工業廠房自然通風計算分設計計算和確認計算。設計計算主要是根據已確定的製程條件和要求的工作區溫度，計算必須的全面換氣

量，確定進、排風口中心位置所需要開啟窗孔的面積。而確認計算是在
製程、建築、窗孔位置和面積已確定的條件下，驗算所能達到的最大自
然通風量。

　　廠房內部的溫度分佈和氣流分佈是比較複雜的，與廠房形式、製程
設備佈置、設備散熱量等因素有關。溫度的分佈和氣流的分佈直接關係
到自然通風的設計計算。要想瞭解這些分佈規律必須針對具體物件進行
模型試驗，或者對類似廠房進行實地觀察和測試。目前採用的自然通風
計算方法是在一系列的簡化條件下進行的，這些簡化的條件是：

(1)　空氣在流動過程中是穩定的，即假定所有可以引起自然通風的
　　　因素不隨時間而變化。

(2)　整個作業環境的空氣溫度都等於環境內的平均溫度；在同一水
　　　平面上的各點靜壓均相等，靜壓沿高度方向的變化符合流體靜
　　　力學的規律。

(3)　作業環境內空氣流經的路途上，沒有任何障礙，並且不考慮熱
　　　源左右必然存在的局部氣流的影響。

(4)　經外圍護結構縫隙滲入的空氣量小，不予考慮。

(5)　經開孔流入的射流，或室內熱源所造成的射流，在到達排風窗
　　　孔前已完全消散。

(6)　用封閉模型得出的空氣動力係數適用於有空氣流動的孔口。

一、設計性計算的步驟

　　自然通風設計性計算通常按下列步驟進行：

1.　計算全面換氣量及排風溫度

　　　　排除作業環境多除熱量所需的換氣量 Q(kg/s)，按下式計算：

$$Q = \frac{E}{C_p(t_u - t_0)} \tag{4-19}$$

E：作業環境總除熱量(顯熱)(kJ/g)

t_u：作業環境上部的排風溫度($°C$)

t_0：作業環境的進風溫度，等於夏季室外計算溫度($°C$)

C_p：空氣比熱，等於 1.01(kJ/ kg · $°C$)

　　作業環境上部排風溫度的確定方法有幾種，目前常用的有溫度梯度法和有效熱量法。

(1)　溫度梯度法，對於散熱較爲均勻，散熱量不大於 $116W/m^3$ 時的作業環境，室內空氣溫度沿高度方向的分佈規律大致是一直線關係。因此，作業環境上部的排風溫度 t_u($°C$)可按下式計算

$$t_u = t_d + \Delta t(h-2) \tag{4-20}$$

　t_d 爲工作區溫度，即指工作地點所在的地面上 2m 以內的溫度($°C$)，一般應符合表 4-4 中的規定；h 爲排風天窗中心距地面高度(m)；Δt 爲沿垂直高度方向的溫度梯度($°C/m$)，見表 4-5。

表 4-4　作業環境內工作地點的夏季空氣溫度

夏季室外計算溫度 t_0	作業環境內溫度 t_u
29 及 29℃以下	< 32℃
30℃	< 33℃
31℃	< 34℃
32～33℃	< 35℃
34℃	< 36℃

(註：夏季通風室外計算溫度等於和低於 31℃的地區，在設置局部進風後，作業環境的計算程度允許超過表 4-4 的要求，但不能超過 35℃。)

表 4-5　　溫度梯度Δt值

室內散熱量	廠房高度 / m										
(W / m³)	5	6	7	8	9	10	11	12	13	14	15
12～23	1.0	0.9	0.8	0.7	0.6	0.5	0.4	0.4	0.4	0.3	0.2
24～47	1.2	1.2	0.9	0.8	0.7	0.6	0.5	0.5	0.5	0.4	0.4
48～70	1.5	1.5	1.2	1.1	0.9	0.8	0.8	0.8	0.8	0.8	0.5
71～93		1.5	1.5	1.3	1.2	1.2	1.2	1.2	1.1	1.0	0.9
94～116				1.5	1.5	1.5	1.5	1.5	1.5	1.4	1.3

(註：如果作業環境空間很高，散熱又集中，則上表資料不宜採用。)

(2) 有效熱量係數法(m值法)在有高熱源的作業環境內，空氣溫度沿高度方向的分佈是比較複雜的。熱源上部所形成的熱射流，在上升過程中不斷捲入周圍的空氣，熱射流溫度逐漸下降，當熱射流到達屋頂時，並非全部由天窗排出，其中一部分又沿四周外牆向下回流而返回作業地帶或在作業帶上部又重新被熱射流捲入。返回作業地帶的循環氣流，把作業環境總熱量的一部分又帶回到作業地帶而影響作業地帶的溫度，這部分的熱量稱有效除熱量。如果作業環境內總除熱量為 E，則有效除熱量即為 mE，即相當於直接散入工作區的熱量，所以 m 值稱為有效熱量係數，t_0 為外氣溫度。

根據整個作業環境的熱平衡，可寫出

$$Q = \frac{E}{C_p(t_u - t_0)}$$

根據作業地帶的熱平衡，可寫出

$$Q' = \frac{mE}{C_p(t_d - t_0)}$$

因為　　$Q = Q'$，所以

$$\frac{E}{C_p(t_u - t_0)} = \frac{mE}{C_p(t_d - t_0)}$$

$$m = \frac{t_d - t_0}{t_u - t_0} \tag{4-21}$$

因此　　$t_u = t_0 + \dfrac{t_d - t_0}{m}$ (4-22)

以公式(4-22)可以看出，在同樣的 t_u 下，m 值越大，也就是散入作業地帶的有效除熱量越大，工作區域的溫度就越高。

以公式(4-22)還可以看出，如果能確定出 m 值，則排風量就較容易確定。這樣就把 t_u 的求值問題變成了 m 值的確定問題。而有效熱量係數 m 值的確定也是很複雜的問題，其大小主要取決於熱源的性質、熱源分佈和熱源高度，同時還取決於建築物的某些幾何因素(如作業環境高度、窗孔尺寸及其高度等)，此值應通過實測取得。

有效熱量係數 m 值一般可按下式確定：

$$m = m1 \times m2 \times m3 \tag{4-23}$$

式中，$m1$：如圖 4-2，根據熱源占地面積 f 與作業環境內地板面積 F 之
　　　　　　比值確定的係數。

　　　$m2$：根據熱源高度確定的係數，見表 4-6。

　　　$m3$：根據熱源的輻射散熱量 Qf 與總散熱量 Q 之比值確定的係
　　　　　　數，見表 4-7。

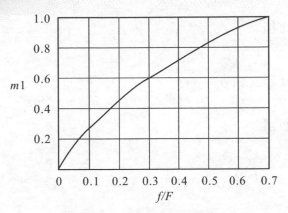

圖 4-2　$m1$ 隨 f/F 的變化圖形

表 4-6　係數 $m2$ 值

熱源高度 (單位公尺)	≦2	4	6	8	10	12	≧14
$m2$	1.0	0.85	0.75	0.65	0.60	0.55	0.5

表 4-7　係數 $m3$ 值

Qf/Q	≦0.4	0.5	0.55	0.6	0.65	0.7
$m3$	1.0	1.07	1.12	1.18	1.30	1.45

2.　確定窗孔的位置，分配各窗孔的進、排風量

3.　確定各窗孔內外壓差和窗孔面積

　　在採用熱壓法計算時，先假定某一內外壓差等於零位置(即中性面位置)，然後計算出各窗孔的內外壓差。根據流體流經開口部之流量等於開口面積乘於流速，而流速為壓力差與密度函數，可分別寫出進、排風窗孔面積的計算公式。

進風窗孔面積

$$A_{in} = \frac{Q_{in}}{\mu_{in}\sqrt{2gh_1\left(\rho_o - \rho_{du}\right)\rho_o}}$$ (4-24)

排風窗孔面積

$$A_{out} = \frac{Q_{out}}{\mu_{out}\sqrt{2gh_2\left(\rho_o - \rho_{du}\right)\rho_u}}$$ (4-25)

Q_{in}、Q_{out}：進、排風窗孔的空氣質量流量(kg／s)

μ_{in}、μ_{out}：進、排風窗孔的流量係數，可按表 4-8 選取

ρ_{du}：室內平均溫度下的空氣密度(kg／m³)

ρ_0：室外空氣密度(kg／m³)

　　如開始假定的中性面位置不同，對最後所計算出的進、排風窗孔面積也將有所不同。如中性面位置選擇較低，則上部排風孔口(天窗)的內外壓差較大，所需排風窗孔面積就較小。一般情況下，因天窗構造複雜，造價也高，天窗的大小對建築結構影響較大，除採光要求外，希望儘量減少排風天窗的面積。所以，在自然通風計算中，中性面的位置不宜選擇過高。

二、確認性計算的步驟

　　當進行確認性計算時，可按已知的進、排風窗孔面積估算出中性面的位置。根據空氣平衡原理（$Q_{in} = Q_{out}$），由式(4-24)和式(4-25)寫出

$$\mu_{in}\, A_{in}\sqrt{2gh_1\left(\rho_0 - \rho_{du}\right)\rho_0} = \mu_{out}\, A_{out}\sqrt{2gh_2\left(\rho_0 - \rho_{du}\right)\rho_u}$$

表 4-8 進、排風窗孔的局部阻力係數和流量係數

廠房結構形式	開啓角度 α (°)	h : ℓ = 1 : 1		h : ℓ = 1 : 2	
		δ	μ	δ	μ
單層窗上懸 (進風窗)	15	16	0.25	20.6	0.22
	30	0.65	0.42	6.9	0.38
	45	3.68	0.52	4.0	0.50
	60	3.07	0.57	3.18	0.56
單層窗上懸 (排風窗)	15	11.3	0.30	17.3	0.24
	30	4.9	0.45	6.9	0.38
	45	3.18	0.56	4.0	0.50
	60	2.51	0.63	3.07	0.57
單層窗中懸 (排風窗)	15	45.3	0.15		
	30	11.1	0.30		
	45	5.15	0.44		
	60	3.18	0.56		
	90	2.43	0.64		
雙層窗上懸	15	14.8	0.26	30.8	0.18
	30	4.9	0.45	9.75	0.32
	45	3.83	0.51	5.15	0.44
	60	2.96	0.58	3.54	0.53
整軸板式窗	90	$\delta = 2.37$ $\mu = 0.65$			

(註:h 代表窗扇高度, ℓ 代表窗扇長度)

如果進風窗和排風窗的結構形式相同，可近似認為 $\mu_{in} = \mu_{out}$，則上式可簡化為

$$\frac{h_1}{h_2} = \frac{A_{out}^2 \rho_u}{A_{in}^2 \rho_0}$$

以 $h_2 = H - h_1$，代入上式後整理，得

$$h_1 = \frac{A_{out}^2 \rho_u}{A_{in}^2 \rho_0 + A_{out}^2 \rho_u} \cdot H \text{ 或 } h_1 = \frac{H}{1 + \dfrac{A_{in}^2 \rho_0}{A_{out}^2 \rho_u}} \tag{4-26}$$

同理，可得

$$h_2 = \frac{H}{1 + \dfrac{A_{out}^2 \rho_u}{A_{in}^2 \rho_0}} \tag{4-27}$$

確認性計算大多用來驗算現成廠房或驗算改建廠房的自然通風量及作業地帶的空氣環境是否滿足表 4-4 的要求。

例題 4-10 已知某一大空間作業環境，如圖 4-3 所示。作業環境內之總熱產生量為：E = 210kJ/S，m = 0.4，進、排風窗均採用單層上懸窗（$\alpha = 45°$），A1 = A3 =10m。$\mu_{in} = 0.52$，$\mu_{out} = 0.56$，窗孔中心高差 $H = 10$m。夏季室外溫度 $t_0 = 26℃$（$\rho_0 = 1.181$kg / m³），要求室內作業地帶溫度 $t_d \leq t_0 + 5℃$，無局部排風，請計算必須的排氣天窗面積 A_{out}。

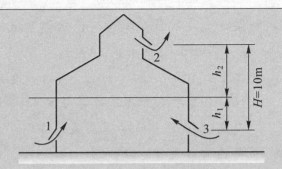

圖4-3　某一大空間作業環境

解答

(1)確定上部排風溫度和室內平均溫度

設作業地帶溫度 $t_d = t_0 + 5 = (26+5)℃ = 31℃$

上部排風溫度 $t_u = [26 + \dfrac{31-26}{0.4}]℃ = 38.5℃$

密度 $\rho_u = 1.133$ kg/m³

室內平均溫度 $t_{du} = \dfrac{t_d + t_u}{2} = 34.8℃$

室內平均密度 $\rho_{du} = 1.147$ kg/m³

(2)熱平衡所需的全面換氣量

$Q = [210/1.01(38.5-26)]$ kg/S = 16.66 kg/S

(3)根據公式(4.24)，由進風面積 A1、A3 確定進風窗孔中心至中性面的高度：

$10 = 16.66/0.52\sqrt{2\times9.8\times h_1\times(\rho_0-\rho_{du})\times\rho_0}$

$h_1 = 3.26$m

因此，中性面至排風窗孔中心的高度為 $h_2 = h - h_1 = (10-3.26)$m = 6.74m

(4)根據公式(4-25)確定必須的排風天窗面積：

$$A_{out} = \dfrac{Q_{out}}{\mu_{out}\sqrt{2gh_2(\rho_0-\rho_{du})\times\rho_u}}$$

$$A_{out} = \dfrac{16.66}{0.56\sqrt{2\times9.8\times6.74\times(1.181-1.147)\times1.133}} = 13.2\,m^2$$

例題 4-11 某一大空間作業環境，已知作業環境內之總熱產生量為：
$E = 240\text{kJ} / S$，$m = 0.4$，$A_{in} = 30\text{m}^2$，$A_{out} = 20\text{m}^2$，窗子結構形式相同 $\mu_{in} = \mu_{out} = 0.5$，進排風窗孔中心高差 $H = 10\text{m}$。夏季室外通風計算溫度 $t_0 = 26°C$（$\rho_0 = 1.181 \text{kg} / \text{m}^3$），無局部排風。請驗算在溫差作用下的自然通風量及作業地帶的空氣溫度。

解答

(1)假定上部排風溫度 $t_u = 36°C$（$\rho_u = 1.142\text{kg} / \text{m}^3$）
作業地帶溫度 $t_d = t_0 + m(t_u - t_0) = 30°C$
室內平均溫度 $t_{du} = (t_d + t_u) / 2 = 33°C$（$\rho_{du} = 1.142\text{kg} / \text{m}^3$）

(2)根據公式(4-26)估算進風窗孔中心至中性面的高度

$$h_1 = \left(\frac{H}{1 + \dfrac{30^2 \times \rho_0}{20^2 \times \rho_u}} \right) \text{m} = 3\text{m}$$

則中性面至排風窗孔的高度為 $h_2 = h - h_1 = (10 - 3)\text{m} = 7\text{m}$

(3)溫差作用下所能形成的自然通風量
根據公式(4-24)計算通過進風窗孔的進風量
$$Q_{in} = \mu_{in} A_{in} \sqrt{2gh_1 \left(\rho_0 - \rho_{du} \right) \rho_0} = 20.54 \text{ kg/s}$$
根據公式(4-25)計算通過排風窗孔的排風量
$$Q_{out} = \mu_{out} A_{out} \sqrt{2gh_2 \left(\rho_0 - \rho_{du} \right) \rho_u} = 20.57 \text{ kg/s}$$
而熱平衡所需的全面換氣量為
$$Q = \left[\frac{280}{1.01(36 - 26)} \right] \text{kg/s} = 27.72 \text{ kg/s}$$

因為 $Q_A \approx Q_B < Q$，說明假定條件不符合實際情況，所以應該調整假定條件。在這個例子中，應該適當提高假定溫度，從而增大溫差，使通風量增大。

(4)重新假定上部排風溫度 $t_u = 38℃$($\rho_u = 1.135\text{kg} / \text{m}^3$)

　　作業地帶溫度 $t_d = t_0 + m(t_u - t_0) = 30.8℃$

　　室內平均溫度 $t_{du} = (t_d + t_u) / 2 = 34.4℃$($\rho_{du} = 1.148\text{kg} / \text{m}^3$)

(5)根據公式(4-26)重新估算進風窗孔中心至中性面的高度

$$h_1 = \left(\cfrac{10}{1 + \cfrac{30^2 \times 1.181}{20^2 \times 1.135}} \right) \text{m} = 2.99\text{m} \propto 3\text{m}$$

　　則中性面至排風窗孔的高度為 $h_2 = h - h_1 = (10 - 3)\text{m} = 7\text{m}$

(6)溫差作用下所能形成的自然通風量

　　根據公式(4-24)計算通過進風窗孔的進風量 $Q_{\text{in}} = 22.71\text{kg} / \text{s}$

　　根據公式(4-25)計算通過排風窗孔的排風量 $Q_{\text{out}} = 22.67\text{kg} / \text{s}$

　　熱平衡所需的全面換氣量

　　$Q = [280 / 1.01(38 - 26)] \text{kg} / \text{s} = 23.10\text{kg} / \text{s}$

　　因為 $Q_{\text{in}} \approx Q_{\text{out}} \approx Q$，說明假定條件基本符合實際情況，已經達到工程設計的精度要求。

(7)驗算上部排風溫度及作業地帶溫度

$$t_p = t_0 + \frac{E}{C_p Q_{\text{in}}} = \left(26 + \frac{280}{1.01 \times 22.71} \right)℃ = 38.2℃$$

$$t_n = t_0 + m\left(t_p - t_0 \right) = \left[26 + 0.4 \times (38.2 - 26) \right]℃ = 30.9℃ = t'_n$$

　　驗算結果與假定條件基本一致。溫差作用下的自然通風量即為 22.71kg / s，作業地帶的空氣溫度即為 30.9℃。

　　雖然工業廠房自然通風的設計步驟只考慮了溫差效應下的通風，自然通風的通風裝置一般也比較簡單，只有可開啓的進、排風窗及其啓閉裝置，但它是屬於有組織的全面進風，務必加強管理才能收到良好效果。在夏季應把全部進、排風窗孔打開，並按風向及時調整窗扇的開閉。在冬季爲了稀釋工作空間內有害物濃度而須進氣時，則一般利用距地面 4m 以上的側窗進風，以免冷風直接吹向工作地點，影響工作區人員的熱舒適。

　　由上述例子可以看到，自然條件可以在建築物中產生相當高的空氣流率，但不幸地，要利用自然條件是不容易的事。自然環境不是一個常數供應者，而且自然的通風需要良好的結構及建築設計，因而大部分現代的工業建築物則是採取機械通風系統。

■ 註 解

【1】　王漢青，"通風工程"，機械工業出版社，2005.

局部排氣通風系統

5

5-1　系統類型

　　局部換氣系統能在空氣污染物侵入工作場所前捕集污染源或是污染源附近區域的逸散物。例如，金屬製成的火炬上的油彩可能會發散出有害的煙、氣體和蒸氣逸散物。局部排氣通常可設計來捕集這些空氣污染物。目前有兩種主要的局部換氣系統：

1. 製程廢氣排除：此種排氣裝置通常應用於主要的廢氣處理，像是火爐中的熱氣體。
2. 公共衛生排氣：此種局部排氣通常用於保護員工。例如火爐中的塔錐氣罩，這種系統常用來排除瞬間所產生的污染源。

　　局部換氣系統通常用於當員工有過度暴露於空氣化學污染之潛在危害時將污染物加以排除，以下列出七個可能考慮採用局部排氣系統之條件：

1. 無法實施合乎成本效益的控制時。
2. 污染物是具有危險的(例如限界值是相當危險的)。
3. 員工位於污染源的鄰近區域(例如，因為污染物距離員工太近，導致稀釋換氣還未來得及阻止前就逸散的情況)。
4. 逸散率隨時間而變。
5. 污染源是大或小(與污染源太小、太多或是容易消失不同)。
6. 污染源有固定傾向(與流動性不同)。
7. 規則或標準要求局部換氣是需要的設備(常用的標準有：OSHA(美國政府勞工部職業安全衛生署)，NFPA(美國火災防制學會)，ANSI(美國國家標準協會)，AIHA(美國工業衛生學學會)。

　　除了保護員工暴露之外，採用局部換氣的理由有許多是因為火或爆炸的問題。例如：易燃物的儲存櫃大都裝有有一個小型的抽氣裝置來控制溫度在易燃物的燃點之下。最後，局部換氣或許會使用在工廠管理上

(例如用在木工藝場所)，特殊手工藝術上(樣品展示控制)，或是廢物回收用途(例如在珠寶製造業機器設備上，用來修補掉落的金飾或銀飾)。

例題 5-1　局部換氣是否適用於在狹小空間中操作焊接不鏽鋼嗎？

解答

考慮以下列出七個可能考慮採用局部排氣系統之條件：

1. 其他控制　　　　　並非合乎成本效益
2. 有害物質　　　　　是的
3. 員工工作區域　　　接近污染源
4. 逸散率　　　　　　並非固定，隨時間而變
5. 逸散源　　　　　　與空間比較起來算大
6. 流動性　　　　　　可能、或許
7. 規範　　　　　　　在不鏽鋼案例中，OSHA(美國政府勞工部職業安全衛生署)規範的解釋說明了需要局部換氣

由上述說明可知，大多數的參數都建議使用局部換氣。但是它並非是永遠清楚的。答案並非永遠一定，在不同場合中需要用專業的知識使出正確的判斷。

5-2　設備與元件

　　一般除鍋爐等燃燒源產生污染控制稍有不同外，廢氣處理的流程不外如圖 5-1 所示，以下有五個局部換氣的基本元件，其組合在工業衛生而言，稱為局部排氣系統，見圖 5-1，每一個元件都是系統成功與否的關鍵。每一個都必須經過設計，選購，運轉及保養以確保維持在最良好的性能(良好的效能通常指的是合乎成本效益的系統)。

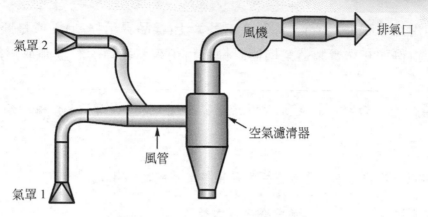

圖 5-1　局部排氣系統之基本組成元件

1.　氣罩(Hood)

氣罩或是捕捉裝置，收集器必須容納污染逸散源。通常是系統中最為重要的元件。本書的第六章將會介紹氣罩的設計和選擇。

2.　管路(Piping)

通風管路作為傳送空氣和空氣污染物到收集器、風機及排氣管(煙囪)。第七章將會描述管路的選擇和設計。

3.　風機(Fan)

風機供應著管路內一定的靜壓及維持著空氣的流動。第八章會討論風機。

4.　空氣濾清器(Air cleaner)

在導入流動空氣至工作場所或者將空氣排至室外之前，空氣濾清器是用來去除其中污染物。當以下的條件成立時便需要空氣濾清器：

(1)　需要符合空氣污染排放標準。

(2)　移除或回收貴重金屬時。

(3)　社區關係(抗爭行為)。

(4)　空氣需再循環時。

5. 排氣管(Stack)

　　排氣管將在第九章中加以討論。排氣管是通風管中的一部分，可用來排出污染物到週遭的空氣，減低污染程度(到合理範圍內)後將新鮮乾淨空氣再引入到工作場所中。如果局部排氣系統的出口設置在接近通風口的上風處，此時會導致令人不舒服的結果。

5-3　靜壓(Static Pressure)

　　如在第二章中簡略提到的，因為壓力差而導致了空氣的流動，空氣由高壓區流向低壓區。在局部排氣系統中，風機在風機上游處創造了一個比大氣壓還低的低壓區，由於壓力在氣罩內降低，因而空氣被大氣壓推入氣罩中。經由氣罩，空氣被推入管中，等等，諸如此類。在管內的低壓被稱為靜壓，而符號是 P_S。靜壓可稱為是系統中「潛在的能量」。它可以轉換速度為動能或是因摩擦損失造成熱能等等。

　　把 P_S 想像為銀行內的存款。風機將 P_S 存入銀行內，當系統想購買某些有價值的東西，例如空氣動力，此時就需要錢 P_S。換言之，系統把 SP 換成空氣動力即速度壓 P_V。

　　很不幸，P_S 的轉換從來不完美。有些時候 P_S 會轉換成沒有用的能量：熱、震動或是噪音。這些都成為「損失」。再思考一下銀行，如果把錢換成它種外幣時你必須付出手續費，如果買輛車，通常也需付一些稅或是手續費。當系統要轉換能量時，同樣也必須付出代價。

　　設計人員及使用者必須詳細說明最有效率的氣罩，管路及彎管，進而減低系統的靜壓損失。減低靜壓損失便是節省經營支出。壓力轉換及損失間的關係式可用下式表示之：

$$P_{S_1} + P_{V_1} = P_{S_2} + P_{V_2} + h_L \qquad h_L \text{ 是靜壓損失} \qquad (5\text{-}1)$$

圖 5-2 顯示在局部排氣系統中的靜壓分佈情形。注意在空氣接近風機時其靜壓值是增加的。相反的,當空氣接近大氣時靜壓亦接近零。

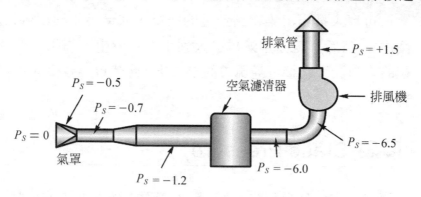

$P_S = -0.5$

$P_S = -0.7$

排氣管

$P_S = +1.5$

空氣濾清器

排風機

$P_S = 0$

氣罩

$P_S = -6.5$

$P_S = -6.0$

$P_S = -1.2$

圖 5-2　局部排氣系統之靜壓變化圖

再試想車子的比喻。在汽油內部有潛在的能量,當汽油經過汽車的引擎後,這個隱藏的能量被轉換為動能以換取車子的速度。但是這轉換是不完全的。65～75%可用的能量是損失的。像排氣口,軸承、傳動裝置、方向盤、輪胎的摩擦及噪音等等。P_S 就像是局部排氣系統中的燃料,當系統使用了 P_S,就可產生有用的作用(空氣活動),但它相對的會得到損失。有幾種主要的損失種類,在以下幾節中將會深入作介紹,但現在我們先把它們列出來做初步說明:

1.　管路摩擦損失。

2.　經由肘部、收縮管、擴張管、孔口處造成的損失。

3.　進入歧管或濾清器的損失。

4.　氣罩擾流或束縮面造成的損失。

5.　風機系統效率造成的損失。

6.　風門、閥、孔口、空氣濾清器、氣罩等特殊裝置造成的損失。

7.　其它裝置:例如特殊的氣流控制裝置、排氣管、消音器或是其它的裝置造成的損失。

　　一風管系統之壓力損失如果比有效的功大許多則為不太正常之設計(例如，有時 1 英吋的靜壓被轉換成有用的速度壓，但 10 英吋的靜壓被用來克服損失，而空氣才能按照設計的速度流動)這也是考慮風管壓損時不能僅考慮速度壓之原因。風管內基本流動方式程如下所述：

$$Q = V \times A \tag{5-2}$$

$$P_T = P_S + P_V \tag{5-3}$$

$$V = 4005 \sqrt{\frac{P_V}{d}} \quad \text{(英制)} \tag{5-4}$$

$$V = 4.04 \sqrt{\frac{P_V}{d}} \quad \text{(公制)} \tag{5-5}$$

　　幾乎所有的損失都與流速的平方有關，再想一次車子的比喻，如果車子停在路邊靜止不動，當然不會有任何的能量損失，但相對的也不會做任何功。如果以適當的速度駕駛車子，將會得到良好的燃料效率。在高速時，效率將減低，因為損失將以速度的指數形式增加。

　　當一個小氣流流經大氣罩，能量損失很小；管路中低速流將會造成低摩擦損失。但當流經氣罩的氣流增加，或管路中氣流的流速提高，損失將會成平方激增，當然，如果順利的話，我們能得到更加有用的工作效率(例如，增加進入氣罩的流速，空氣流經空氣濾清器時會變得更加有效率)。

　　靜壓損失可直接由管路速度壓直接求得(但濾清器除外)。如果管路速度壓加倍，靜壓損失相對的也加倍。損失通常用兩種形式描述之：「水柱高」和「速度壓的百分比」(例如，氣罩損失為 1.5 英吋水柱高，或是氣罩損失為管路速度壓 P_V 的四分之三)。以下的方程式可以用來求得靜壓損失和平均管路速度壓 P_V 間的關係：

$$P_{SL} = K_{\text{loss}} \times P_V \times d \tag{5-6}$$

其中：

P_{SL}=靜壓損失　　　　　　　　　　【in w.g. or mm w.g.】

K_{loss}=損失係數，由實驗值決定　　【無單位】

P_V=管路中平均速度壓　　　　　　　【in w.g. or mm w.g.】

d=密度修正係數　　　　　　　　　　【無單位】

　　為何靜壓與管路速度壓 P_V 有關？回顧上式，靜壓可用速度和速度壓來描述。運用上面這些方程式，靜壓 P_S 可以用 P_V 和 V 描述之：

在標準溫度氣壓下

$$P_S = P_T - P_V = P_T - \left(\frac{V}{4005}\right)^2 \tag{5-7}$$

或者在標準溫度氣壓下，可用(公式5-6)描述之：

$$P_{SL} = K_{loss} \times P_V = K_{loss} \times \left(\frac{V}{4005}\right)^2 \tag{5-8}$$

　　這個方法廣泛的被接受且用在損失的估計上，本書中也將採用。這是設計 P_V 的基準，我們將在後面作進一步討論。

5-3-1　肘管損失

　　空氣經過肘管或歧管會導致耗盡了靜壓(進入肘管將造成損失)。原因很複雜，但我們所必須做的是減低方向的改變、摩擦力、震動造成的損失，擾動的影響，或是外部空氣串聯而成的氣牆所造成的損失。由表 5-1 可知到肘管之靜壓力損失係數。然後帶入下列公式計算肘管之壓力損失。

　　表 5-1 這張圖說明了損失係數 K 值如同半徑比值 R(管路直徑)的函數。肘管半徑曲線由經驗決定之。急彎肘管或是 R/D 值近似 0.5 時會導致損失的增加。試想如果車子環繞一轉角，高速時導致輪胎會發出摩擦異音、車子傾斜等等，所以高速的氣流通過急彎的肘管會使更多的能量損失。在表 5-1 中只提供了 90 度肘管的損失資料，其它標準的肘管尺

寸還包含了 30，45，60 度。常用的設計程序是在圖表直線上用「內插法」求得其損失。換言之，45 度肘管的損失會是 90 度肘管的一半，30 度肘管的損失會是 90 度肘管的三分之一等，這種線性的關係並非十分準確，但已足夠。

表 5-1　90°肘管之壓力損失係數表【1】

圓管 R/D	平滑管	5 節	4 節	3 節	2 節
0.50	0.71	0.80	0.95	0.90	1.20
0.75	0.33	0.46	0.50	0.54	-
1.0	0.22	0.33	0.37	0.42	-
1.5	0.15	0.24	0.27	0.34	-
2.0	0.13	0.19	0.24	0.33	-
2.5-3.0	0.12	0.17	0.23	-	-

註：
R/D=曲率半徑/管直徑
壓力損失係數不包括摩擦損失
$P_{SL}=K \times K_{90°} \times P_V \times d$
非 90°角之修正方程式如下：$K=(角度/90°) \times K_{90°}$
連續肘管　$K=1.25 \times (所有 K 值總合)$
有葉片之 2 節肘管，$K=0.6$
超過 5 節以上之圓管視為平滑管

5-3-2　T 型歧管損失

分歧管的損失，有時會稱 T 型損失或三角損失，能由表 5-2 中的損失係數中估算。有兩種估算的方法。按照美國職業衛生協會(ACGIH)的方法，損失假設只發生在歧管中。要注意的是，當歧管角度增加，損失係數也跟著增加。45 度的歧管損失係數 K=0.28。

　　已修正過的美國職業衛生學會方法可計算風管接合處之壓損，(例如，歧管通常小於主要管路，入口通常在逐漸變細的錐管中間，此錐管角度不超過 15 度，諸如此類)，而角度並不會高於 45°。

表 5-2　分歧管壓力損失係數表【1】

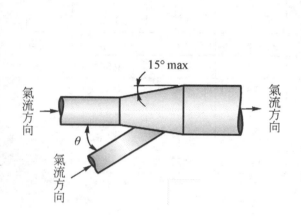

歧管角度 θ	歧管內速度壓損失比值 (P_R/P_V)
10	0.06
15	0.09
20	0.12
25	0.15
30	0.18
35	0.21
40	0.25
45	0.28
50	0.32
60	0.44
90	1.00

5-3-3　其它損失

　　在通風系統中還有其它的靜壓損失。包含了氣罩入口、風機系統效能損失、漸縮/漸擴管損失、空氣濾清器的損失、排氣口損失等等。這些損失將在之後的其它章節中加以介紹。

■ 註解

【1】　ACGIH, Ventilation Manual, 22nd Edition.

氣罩的選擇與設計

6

　　氣罩是局部排氣系統中相當重要的一環，其尺寸設計和安裝位置的選擇直接影響局部排氣系統的效率；因此設計時須了解氣流的理論還有工廠生產的程序以及工作人員的工作型態。氣罩的目標就是去控制污染源。氣罩控制污染源可利用機械原理如下：(1)圍住或控制污染源(2)直接吸取受污染的空氣(3)在污染物被散發出來後捕集它。

6-1　氣罩

　　氣罩的另一種說法就是"污染源控制的設備"。在早期這個機械式引導通風系統裡，氣罩是指覆蓋或遮蓋的意思。到了今天還是有許多人繼續沿用這個意思。我們可以看到全遮式的氣罩要比開放式的氣罩要好。

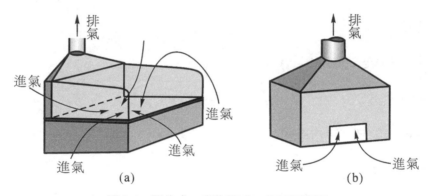

圖 6-1　開放式(a)與全遮式(b)氣罩示意圖

　　一個局部排氣系統，風機會使氣罩內變成負壓區。大氣壓力會使空氣進入氣罩內，並使輸送管內的壓力趨近於平衡。但是風機不斷的在運轉，在風機啟動幾秒鐘內，氣罩內的空氣會保持穩定的平衡狀態。在氣罩以內，所有可利用的靜壓都轉換成速度壓及氣罩的進入損失。此"氣罩內靜壓"，SPh，轉換成速度壓 P_v 及空氣進入氣罩的壓力損失，he(氣罩損失)。可用下列的方程式描述之：

$$|\text{SPh}| = P_V + \text{he} \quad \text{或} \quad \text{SPh} = -(P_V + \text{he}) \tag{6-1}$$

SPh=在風管裡提供給氣罩的靜壓

P_V =風管平均速度壓

he=進入氣罩的壓力損失

　　所有的項目在方程式裡面都應該被考慮為正的，我們知道靜壓在前面提到其值也有可能是負的(在風機的上游側。氣罩內靜壓 SPh 從氣罩內去量，量測點在氣罩下游大約 4～6 個導管直徑的位置。P_V，導管的平均速度壓，量測的位置一樣。

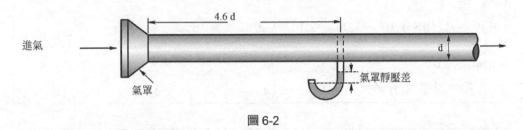

圖 6-2

　　進入氣罩的壓力損失(he)，就是從氣罩面到導管內量測點所有損失的總和，在第五章我們可以由下列方程式得到大部分損失的計算。其它教科書裡氣罩壓力損失有不同的符號，其變化包含了氣罩損失及氣罩的靜壓損失，如 He，he 或 hè

$$P(\text{loss}) = K \times P_V \times d \tag{6-2}$$

氣罩進入損失一樣可以從下列方程式得知

$$\text{he} = K \times P_V \times d \tag{6-3}$$

把氣罩靜壓損失方程式取代進去，我們可以得到

$$|\text{SPh}| = P_V + \text{he} = P_V + K \times P_V \times d = (1 + K \times d) \times P_V \tag{6-4}$$

損失係數 K 會隨著氣罩外形的改變而改變。我們將會在後面的章節介紹。

大部分教科書在大氣標準狀況時會把密度修正係數 d 給省略掉。在這一章節裡面我們將討論標準溫度及氣壓狀況所以省略密度修正係數 d。

例題 6-1
（英制） 已知導管內速度壓 P_V =1.10 in w.g.，氣罩進入損失 he=1.00 in w.g.，求氣罩的靜壓為多少？

解 答

$|SPh|= P_V +he=1.10'' +1.00'' =2.10''$ w.g.

或

$SPh=-(P_V +he)= -2.1$ in w.g.

(氣罩的靜壓 SPh 必須為 -2.1 in w.g.)

例題 6-2
(公制) 已知導管內速度壓 P_V =18.5 mmw.g.，氣罩的靜壓 SPh= -26.5 mm w.g.，求氣罩的進入損失為多少？

解 答

$|SPh|= P_V +$ he

同樣的

he=$|SPh| - P_V$ =26.5mm $-$ 18.5mm=8.0 mm w.g.

(靜壓進入損失消耗 8.0 mm w.g.)

6-2　束縮面(Vena Contract)

由於束縮面在導管的喉部形成，造成導管入口處爲最大壓力損失處。圖 6-3 說明縮口的部分。縮口中心通常在導管內半個直徑的地方。

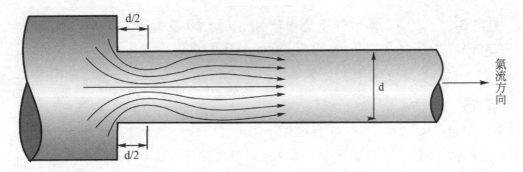

圖 6-3　束縮面流場示意圖

一、氣罩捕集效率

氣罩的效率可以描述成實際氣流量對理想氣流量之比。此比值稱爲氣罩吸入係數，Ce。

$$Ce = \frac{Q(實際)}{Q(理想)} \tag{6-5}$$

假如將所有氣罩的靜壓全部轉變成爲速度壓，則可以達到理想氣流量，例如：沒有氣罩進口損失，我們可以在第五章知道這是不可能的，從來沒有靜壓轉換成速度壓是完美理想的。一個類似但較常用來估計 Ce，如下所示：

$$Ce = \sqrt{\frac{P_V}{|\text{SPh}|}} \tag{6-6}$$

P_V 是平均導管速度壓，SPh 是氣罩靜壓力的絕對值。有趣地是，Ce 跟 K_{hood} (氣罩的損失係數)與 he(氣罩的壓力損失)也有關係：

$$Ce = \sqrt{\frac{1}{1+K_{hood}}} \qquad\qquad (6\text{-}7)$$

$$he = \frac{1-Ce^2}{Ce^2} \times P_V \qquad \left(K_{hood} = \frac{he}{P_V}\right) \qquad (6\text{-}8)$$

例題 6-3
(英制) 已知氣罩的靜壓量測值 SPh=−2.00 英吋水柱，平均導管速度壓量測值 P_V=0.80 英吋水柱，求進口損失 he，氣罩吸入係數 Ce 為多少？

解 答

he=|SPh| − P_V =2.00″ − 0.80″=1.20″ 水柱

Ce=$(P_V / $|SPh|$)^{0.5}$=0.63 　　　氣罩所供應的佔理想氣流的 63%比率

※此題記得使用氣罩靜壓的正值

例題 6-4
(公制) 知已知氣罩的靜壓量測值 SPh=−29.0 公厘水柱，平均導管速度壓量測值 P_V=8.5 公厘水柱，求氣罩吸入係數 Ce 為多少？

解 答

$Ce = \left(P_V / |SPh|\right)^{0.5} = 0.54$

　　氣罩吸入係數 Ce，跟氣罩的外型有關。Ce 值不會改變，除非氣罩的外型改變。當在量測 SPh 時可以同時去估計流率及速度。Ce 就像損失係數是沒有單位的。

例題 6-5
(公制)

已知導管內的平均速度 $V=10$ m/s，氣罩的損失係數已從廠商那裡得到爲 $K_{hood}=2.2$，求 he 及 SPh 爲多少？(假設標準溫度及壓力下，$d=1$)

解答

$$V = 4.04\sqrt{\frac{P_V}{d}}$$

$$P_V = \frac{V^2}{4.04^2} \times d = \frac{100}{4.04^2} \times 1$$

$$P_V = \frac{10^2}{4.04^2} = 6.13\,\text{mm w.g.}$$

平均速度壓力 P_V =6.13 mm w.g.，在標準溫度及壓力下之下。

he$=K \times P_V \times d$=2.2×6.13×1.0=13.49 mm w.g.

SPh$=-($he$+P_V)=-(13.49+6.13)=-19.65$ mm w.g.

例題 6-6
(公制)

假設有一個手握式的研磨床氣罩建立在下列條件：
SPh$=-60$ mm w.g.，$V=20$ m/s，導管直徑爲 45 cm(假設標準溫度及壓力下，$d=1$)。求其流量、he、Ce 及 K 爲多少？

解答

$$P_V = d\left(\frac{V}{4.04}\right)^2 = 1 \times \left(\frac{20}{4.04}\right)^2 = 24.5\,\text{mm w.g.}$$

流量 Q 則是
Q =VA = (20 m/s)× π /4×$(0.45)^2$ = 3.18 m³/s

氣罩進入損失 he
he=|SPh| $- P_V$ =60$-$24.5=35.5 mm w.g.

氣罩吸入係數 Ce

$$Ce=\left(\frac{P_V}{|\text{SPh}|}\right)^{\frac{1}{2}} = \left(\frac{24.5}{60}\right)^{\frac{1}{2}} = 0.64$$

損失係數 K

$$K = \frac{\text{he}}{P_V} = \frac{35.4}{24.5} = 1.44$$

> **例題 6-7**　假如在往後的日期，例題 6-6 量測的氣罩靜壓力 SPh＝－50
> **(公制)**　　mm w.g.，則新估計氣流率為多少？(註：*Ce* 保持為常數，
> 　　　　　　假設標準溫度及壓力下)

解 答

重整氣罩吸入係數的問題

$P_V = (Ce)^2 (\mid SPh \mid) = (0.64)^2 \times 50 = 20.5$ mm w.g.

$V = 4.04 (P_V)^{0.5} = 4.04 \times (20.5)^{0.5} = 18.29$ m/s

$Q = VA = (18.29 \text{ m/s}) \times \pi/4 \times (0.45)^2 = 2.9$ m³/s

　　從例題 6-7，可以察覺到各種問題都可從管徑、氣罩靜壓力以及氣罩吸入係數導出，如下：

　　在英制單位：

$$Q = 4005 \times A \times Ce \times \sqrt{\frac{SPh}{d}} \tag{6-9}$$

$$Q = 4005 \times A \times \sqrt{\frac{SPh/d}{1 + K_{hood}}}$$

　　在公制單位：

$$Q = 4.04 \times A \times Ce \times \sqrt{\frac{SPh}{d}} \tag{6-10}$$

$$Q = 4.04 \times A \times \sqrt{\frac{SPh}{1 + K_{hood}}}$$

(※記得要使用一致的單位及氣罩靜壓力的正值。)

　　氣罩進口損失 he 以及氣罩吸入係數 *Ce* 可以從標準的氣罩編號決定。附錄 B 顯示一般常用氣罩的損失係數 *K* 的摘要以及在不同的氣罩外型下之 *Ce* 值。

例題 6-8 (公制)	凸緣風管氣罩導管內的平均速度為 15 m/s，求 he，Ce 為多少？(標準溫度及壓力下，d=1；在這裡我們將從方程式中省略 d，這是教科書中常見的習慣。)

解 答

從所給速度中的可求得速度壓為 13.78 mm w.g. 氣罩進口損失係數 $K=0.50$，從附錄 B 得知 $he = K \times P_v = 0.50 \times 13.78 = 6.89$ mm w.g. (從附錄 B 可得 Ce 為 0.82)

$$P_V = \frac{V^2}{4.04^2} = \frac{15^2}{4.04^2} = 13.78 \text{mm w.g.}$$

$$he = K \times P_V = 0.5 \times 13.78 = 6.89 \text{mm w.g.}$$

$$Ce = 0.82$$

(註：氣罩壓力損失方程式計算中包含 SPh，he，K 和 Ce 通常使用正值)

6-3　設計方法

　　一個好的氣罩設計者要以"六面"氣罩作為氣罩設計的開始(四個邊，一個上邊和一個下邊)。然後設計者再根據製程及操作的條件下去移除最少的邊數，或者故障檢修員想出更好的封閉氣罩方法。氣罩的開放面積愈大，相對的空氣就愈快消耗，而提供的補給速度也必須愈快(記得 $Q=VA$，當氣罩的開口面積增加，相對的速度氣流量也需增加使補給速度維持常數)。

　　手套式操作箱是六邊形的排氣櫃。實驗室排氣櫃是五邊形的。側開式氣罩是有一邊是阻擋的四邊形氣罩。側開式氣罩如果沒有旁邊的擋板的話，就變成擋兩邊的氣罩。某些全包式氣罩有一邊是開啟的。三種基本氣罩型式為：

1. 接收式氣罩(Receiving hood)

　　這些氣罩主要是用來接收熱空氣。不過也有小型手握式接收式氣罩及推拉(Push-pull)接受氣罩。接收式氣罩也稱為被動式氣罩。

2. 外裝式氣罩(Exterior hood)

　　這些氣罩有開一到三個面的型式。焊接換氣式氣罩為典型的。其它的有側開式氣罩及下開式氣罩。捕捉式氣罩也稱為主動式氣罩。

3. 包圍式氣罩(Enclosing hood)

　　例如一些需戴手套式的箱子，實驗室型氣罩，排氣櫃，研磨床式氣罩，還有一些有四邊或更多邊式的氣罩。可以把氣罩以及連接它的通風管想像是有磁力的，例如：可以想像成對氣罩附近區域的空氣微小顆粒產生吸引力－在氣罩附近的被吸入的越多，較遠的則吸入較少。當然，你可以從先前的章節知道是大氣

壓力使空氣進入氣罩的。用磁力的比喻是很合適的，因為在導管裡每個空氣微小顆粒依指定的路線移動至低壓區，就好像它是有磁性的一樣。

空氣有質量，移動時也會有動能。就像汽車在高速度急轉彎就不能轉的太快。那麼你就可以了解為什麼需縮口形狀。就因為空氣動量這個原因導致它超越入口，所以必須使開口縮小。空氣被強迫通過一個比較小開口的或一個孔時，它的速度會上升(記得 $Q=VA$；當 A 愈小，則 V 愈大)。空氣速度上升，使得速度壓愈大，則需要更多的靜壓。然後，當導管又開口恢復原來樣子時，有些額外速度壓再轉變成為靜壓。此即為 "靜壓再得"。可惜的是，我們不可能使靜壓與速度壓之間作百分之百完全的轉換，這就是我們所謂在進口氣罩損失的部份，he。當我們在選擇、設計、或維修氣罩的時候，則必須要決定下列一些重要的參數：

1. 它的最佳形狀。
2. 必須要能控制污染源的流量 Q。
3. 摩擦係數。
4. 氣罩吸入係數 Ce。
5. 速度(面速度、補給速度、導管內傳送速度)。
6. 尺寸。

有三個最基本的方式用來決定氣罩設計的適當參數：(1)使用全尺寸模型，(2)用可利用的圖表，(3)使用方程式。

可以使用硬紙板或其它一些簡單的原料製作一個氣罩模型，如此就可以決定一些實際上必要的參數。對現有的氣罩，則提供了建造高效率氣罩的機會。不論是簡單手工做的硬紙板氣罩模型或現有的氣罩加以改良設計時，皆要滿足工作人員的需求。當這些理想條件都決定以後，再蓋一個永久的氣罩。

許多的氣罩資料皆可在文獻資料裡找到。你能想像的氣罩資料幾乎都已經被建構及發表。最簡單的方法是使用通風手冊，Ventilation Manual 第十章【1】包含超過兩百種以上的氣罩設計及平面圖。當你在設計氣罩時，你會發現這些參考資料會非常有用。NIOSH 和 OSHA (美國政府勞工部職業安全衛生署)同樣有發表氣罩設計的相關資料。本書在附錄 B 中同樣包含有 40 種基本氣罩型式的有用資料，附錄 B 亦提供些粗略的圖樣，Q，K_{loss}，Ce，建議的輸送速度，還有一些面速度，補給速度等參考數據。

例題 6-9 一個磨輪式氣罩，磨輪直徑=30 cm，試決定體積流率，傳
(公制) 送速度，導管直徑，摩擦係數 K，Ce，he 和 SPh？

解 答

(在標準溫度及壓力下，低面速度) 在附錄 B 中研磨氣罩的資料如下：

K=0.4 C_e=0.85

V_{trans}=23 m/s

Q=0.0093×30－0.023=0.256 m³/s   於標準空氣狀況下(X=30 cm 輪寬)

$Q = V \times A$

$$A = \frac{0.256}{23} = 0.011 \text{m}^2 \Rightarrow D = \sqrt{\frac{4 \times 0.011}{\pi}} = 0.119 \text{m} = 11.9 \text{cm}$$

$$P_V (導管) = \left(\frac{23}{4.04}\right)^2 = 32.4 \text{ mm w.g.}$$

he=$K \times P_V$ =0.4×32.4= 12.96 mm w.g.

SPh=$-(1+K) \times P_V$ =$-(1+0.4) \times 32.4$ = -45.36 mm w.g.

6-4　體積流率及速度方程式

　　我們可以使用已知的方程式去決定需要的體積流率(假使所需的捕集速度已知的話)。反過來說，假使我們知道體積流率的話，也可以預測捕集速度。這裡有兩種方法：面積方程式和美國職業衛生學會通風手冊的實驗方程式。

1.　面積方程式

　　　　捕集氣罩的設計者必須試著去想像要如何使空氣進入氣罩。基本上，空氣是從四面八方往負壓區中心靠近。看下面的一個例子，一個點源式氣罩。空氣分子並不知道他們是在前面，側面，或者是開口的背後。空氣分子受較大壓力以克服負壓點。此時空氣在通道內的移動速度在所有球面上各點皆相等。球形的表面積求法：

$$A = 4\pi X^2 \tag{6-11}$$

　　　　已知面積和體積流率 Q，我們可以從風管去估計各個不同位置的速度。

例題 6-10 空氣進入一個理想的 4″ 導管式氣罩，試求導管末端 1/2 呎
(英制) 　周圍半徑大概的速度為多少？(體積流率=250 於標準空氣
　　　　狀況下之立方呎/分)

解 答

$$V_C \approx \frac{Q}{A} \approx \frac{250}{\text{面積}} \qquad \text{面積} = 4\pi X^2$$

$$V_C \approx \frac{Q}{A} \approx \frac{250}{4\pi(0.5)^2} \approx 80 \text{ 呎/分}$$

例題 6-11 空氣進入一個理想的 12 公分導管式氣罩,試求導管末端 12
(公制)　　公分周圍半徑大概的速度為多少?(體積流率=0.22 實際立
　　　　方公尺/分)

解 答

$Vc \approx \dfrac{Q}{A} \approx \dfrac{0.22}{\text{面積}} \; 0.22/\text{面積}$　　面積 $A=4\pi X^2$　及　$X=0.12$ 公尺

所以 $Vc \approx \dfrac{Q}{A} \approx \dfrac{0.22}{4\pi(0.12)^2} \approx 1.22$ 公尺/分

2.　美國職業衛生學會方程式

空氣進入氣罩時,空氣無法理想的表現,也不是總能精確的預測其合適的三次元外型,但是計算出在任何距離下的表面積及估計速度下來取類似且適當的三次元形狀則是有可能的。相反地,假如你知道在特定距離方向上要求的捕集速度,然後計算體積流率 Q,則需要求移動空氣通過那段距離上的面積。表 6-1 顯示一些常見的氣罩型式二次元及三次元形式。

表 6-1　常見氣罩之面積求法

氣罩型式	點源	圓管	凸緣圓管	包圍槽縫氣罩	開口槽縫	面包圍氣罩
形狀	圓形	圓形	半圓	$\dfrac{1}{4}$圓錐	圓錐	簡氣式
面積算法	$4\pi x^2$	$4\pi x^2$	$2\pi x^2$	$\dfrac{1}{2}\pi x^2$	$2\pi L$	$h \times w$

先前的方程式為了去估計必須要的 Q 需要決定捕集速度 Vc(控制風速)。特定的污染源需要多大的捕集速度?假使你要去猜想的話,50 呎/分是最典型的最小值,因為自然空氣的混合速度大概接近這個值。最後

的數字將依據污染源參數，工作上的慣例，空氣的流動來決定。附錄 C 提供了從文獻資料上得知的有關 Vc 的建議值。

　　假如捕集速度或面速度是爲了達到每分鐘 100 呎的話，然後任何其它的空氣流動超過 100 呎/分時，將會影響到氣罩效率的結果。100 呎/分有多大呢?在你的手掌上輕輕的吹，你可以感覺到僅僅有些輕微的空氣流動，這就大約是 100 呎/分。注意 100 呎/分恰好只超過一個 mph。在正常，瞬間，混亂的工廠工作環境下，混合速度大約達 50 呎/分或大些。下列一些因素會影響到混合速度：

1.　冷扇、立扇。
2.　回風口。
3.　風吹過有打開的門窗。
4.　人的走動(人走過的速度大約 300 呎/分)。
5.　機動設備通過。
6.　在捕集路線上會產生旋渦、亂流的障礙物。

　　在氣罩的設計期間，要去評估作業環境內任何可能的不利因素。在建造完工之後以及在作業期間，定期地視察工作場所以及對氣罩的捕集效率做評估。我們將會在後面討論有關於系統的試驗、除錯、使用效率及維修的內容。

6-5　實際操作狀況

　　除了空氣流動因素外，氣罩通常必須根據工人在現場工作狀況而定，你大概見過一些氣罩的裝設卻不能有效地保護工作人員的例子。(例如：當油漆工在噴漆時站在順風位置；焊接工將捕集氣罩移至太遠的位置；電鍍工使電鍍槽過滿或未在正確的速度下移動組件；機械工爲了調整研磨輪而移動部分磨輪上的氣罩；鑄造工在氣罩上割孔而可看到澆注的情況；清潔工以揮發性溶劑代替原始的溶劑；更多的例子已是數不清的了)。

以下內容列了幾項建議提供現場更有效氣罩的設計及使用。

1. 包圍式氣罩

   (1) 僅在必要的地點提供入口通道。

   (2) 確定氣罩是適合此工作環境；並檢驗此設計是否符合員工需要。

   (3) 通常地，不需流量 Q 或馬力(功率)上任何的改變氣罩能夠被包圍起來且面速度提升到 Vf=400 呎/分。

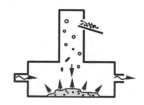

2. 接收式氣罩

   (1) 僅使用在高溫作業場所(上升氣流的高溫處理)。

   (2) 估計上升空氣氣流時的初始和終端的速度。

   (3) 從氣罩抽光的空氣體積必須超過抵達氣罩表面的空氣體積。

   (4) 當熱空氣上升時，上升的空氣有擴散的趨勢。

   (5) 氣罩位置盡量接近污染源。

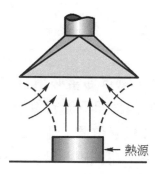

熱源

假使工作人員必須在污染源上工作，則必須避開全覆式氣罩(工作人員經常在上升的空氣氣流中工作且使用全覆式氣罩，那麼旁抽式通風排氣裝置可能會比較適合)。

3.　傾斜氣罩的邊緣 45 度

相對於熱空氣上升氣流的截面積，氣罩口的表面積應該為 125%。大的氣罩表面促使需要更多的空氣，並需要排出更多的空氣以控制污染源。

4.　側吸式氣罩

如果現存的氣罩太大的話，可以藉由氣罩內部邊的凸緣來校正。(縮小面積會增加速度。)接收式氣罩特別易受側吹氣流影響。側吹式氣罩通常幾乎使用狹長縫口，側吹式氣罩是個複合式氣罩，它需要空氣進入兩次，第一次通過長縫口進入充氣室，在此地方速度降低許多，然後再由充氣室進入導管內。長縫口內的速度至少比充氣室的速度大 2〜3 倍。側吹式口氣罩的進口損失係數與複合式氣罩的係數相同。

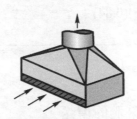

長縫口的壓力損失跟一個孔的壓力損失類似(K_{slot}=1.78 通常被採用)。如果導管的位置直接在長縫口後面的話，導管的進口損失可能會降低許多，但是這種情況很少發生。沿著槽縫口的氣罩分配了充氣室區的靜壓，這樣幫助了空氣在通過氣罩表面時保持一定的速度。

　　　　槽縫口不會去試著吸取污染物而充氣室內的靜壓力均勻分布到長縫口的背後,因此進入氣罩的空氣流量就與越過氣罩面的流量相等了。有溝槽的側吹式氣罩有助於其僅僅大約兩呎的空氣捕集。若針對一個四呎長的儲槽,則使用長縫口在兩個邊,或在中間的下方。在標準溫度及壓力下氣罩靜壓力估算方程式為:

$$\text{SPh} = 2.78\, P_{V(\text{slot})} + (1+K)\, P_{V(\text{doct})} \qquad (6\text{-}12)$$

此方程式可應用在大多數溝槽式氣罩之計算

例題 6-12 一溝槽式氣罩 $Q=2000$ 立方呎/分於標準空氣狀況下之,
(英制)　　$D=10''$,長縫口速度$=2000$呎/分,長縫口速度壓$=0.25''$水柱,$K_{\text{duct}}=0.25$,試決定所需的 SPh 為多少?

解 答

$V_{\text{duct}} = Q/A = 2000/0.5454 = 3667$ ft/min　[$A = \pi/4 \times (10/12)^2$] $= 0.545$ ft^2

$P_V = 0.84''$ 水柱

$\text{SPh} = 2.78\, P_{V(\text{slot})} + (1+K)\, P_{V(\text{duct})}$

　　$= (2.78)(0.25) + (1+0.25)(0.84)$

　　$= 1.75''$ 水柱

5.　下吸式氣罩

　(1)　有益於有大顆粒氣體的傳送。

　(2)　不適合高溫作業環境。

　(3)　大物體裝置在氣罩面上將阻礙空氣流動。

　(4)　提供微粒物質捕捉器或沉澱池。

　(5)　提供清潔方法。

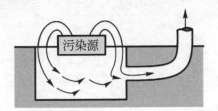

■ 註 解

【1】 ACGIH, Ventilation Manual, 23nd Edition.

工業通風設計概要

7

風管的種類與空氣

流體行為

　　風管的任務是運送空氣和對從氣罩進入之污染物作處理、操作和排出(如圖 7-1 所示)。通風管必需提供管路給從風機到氣罩的負壓段，和風機至煙囪的正壓段。管路必須選擇和設計成耐用的系統。你曾經看過多少管路系統是佈滿灰塵呢？風管表面彎曲或凹型的？在肘管的孔是否有磨損？或者打掃不完全？如果上述問題存在則此為失敗設計。這一章包含管路系統效率的設計、計算和操作。在工業用的通風管中，空氣無法平順的流動，因為它的速度很快(一般為 10m/s～30m/s)，可能為完全紊流或近似紊流。紊流在通風管可幫助微粒的搬運。事實上，不僅保持微粒與空氣的混和，而且混和的動作會將管路表面沉積的微粒清除。附錄 D 提供不同的操作與微粒尺寸所建議的傳送速度。例如，噴布研磨系統應該設計成能提供搬運速度 18m/s。

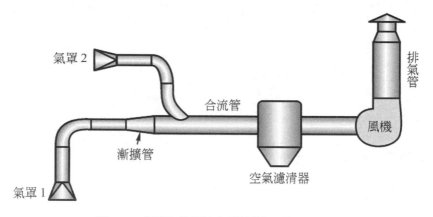

圖 7-1　典型作業環境中局部排氣系統之風管

7-1　風管內之空氣流速

　　當空氣流經管路時，所遭受到的摩擦包含彼此之間的相互摩擦與流經管面的摩擦。(摩擦你的雙手，你所感覺到的熱是由摩擦所產生)然而，假如我們以微觀的方式看管路與空氣間的接合面，我們看到一個薄層

("邊界層"—只有幾微米)靜止不動,空氣也不會移動,在此區域中,壓力的變化可能存在或不存在,取決於物體本身的形狀;但慣性力跟剪應力的作用都必須考慮,因此其統御方程式雖可由 Navier-Stoke Equation 做一些簡化,但仍較位勢流理論複雜的多。當我們開始接近管路中心,我們會看到速度逐漸增加,直到一個穩定區域(如圖 7-2 所示)。注意下面直管的橫截面:

1.　管邊的速度 $V=0$。
2.　管中心的速度為最大值(通常這裡會被除去)。
3.　平均速度會稍微小於中心速度,V_{cl}。

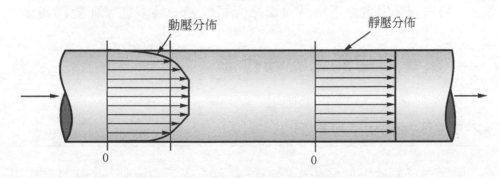

圖 7-2　風管內流速分佈圖

一種預測長直管橫截面速度的方法為

$$V_{ave} = 0.9 \times V \quad \text{(中心點)} \tag{7-1}$$

假如我們用柏努利方程式代替 V

$$P_V = 0.81 \times P_V \quad \text{(中心處)} \tag{7-2}$$

　　一般指長直管需在彎管、阻塞物或過度區域等上游五倍管徑長度,下游三倍管徑長才成立。假如我們在管邊裝設一個靜壓量測計,指示在一個沒有速度的地方。上一張圖顯示出靜壓在管橫截面的相對關係,它是為常數，這使我們較容易量測靜壓力。風管內之邊界層特性包括有：

1. 其厚度相當薄。
2. 邊界層厚度愈往下游愈厚。
3. 邊界層內的速度分佈，在固體表面應滿足 No-slip Condition，再由固體表面逐漸平順的增加至其邊緣的自由流流速。
4. 在固體表面將存在剪應力的作用。
5. 邊界層內的流線將近似平行於固體表面，但邊界層之邊界並非一流線。
6. 邊界層內的流場，亦有層流紊流之分。以平板為例，前段流場保持層流，但愈往下游其流場終究將經過一轉型區域而變為紊流。

7-2　風管內空氣之流體行為

7-2-1　Bernoulli 方程式

　　風管內任意兩點間發生了壓力差會造成空氣的流動，此壓力差作用於空氣導致空氣自高壓區流向低壓區。今利用 Bernoulli 方程式計算空氣流動時，其動壓、靜壓與壓力損失三者間的關係。對於穩態流積分方程式【1】如下：

$$\frac{v^2}{2} + \int \frac{dP}{\rho} + gZ = \text{constant} \tag{7-3}$$

其中

v：局部流線速度，m/s

P：絕對壓力，Pa

ρ：空氣密度，kg/m^3

g：重力加速度，m/s^2

Z：高度，m

並假設氣體為不可壓縮流(ρ=constant)，(方程式 7-3)可表示為：

$$\frac{v^2}{2}+\frac{P}{\rho}+gZ=\text{constant} \tag{7-4}$$

7-2-2　管內流動之穩態能量方程式

於實際風管系統中，因存在摩擦力而產生壓力降之情況，其採用平均管速(V)取代局部流線速度(v)，且風管內氣壓變化不大($\rho=\rho_1=\rho_2$)，故風管間任意兩截面之穩態能量方程式關係為：

$$\frac{V_1^{\,2}}{2g_c}+\frac{P_1}{\rho}+\frac{gZ_1}{g_c}+q=\frac{V_2^{\,2}}{2g_c}+\frac{P_2}{\rho}+\frac{gZ_2}{g_c}+w+\frac{g\Delta H}{g_c} \tag{7-5}$$

其中　　P：壓力(Pa)

ρ：流體密度(Kg/m^3)

V：平均管速，m/s

g_c：重力單位轉換常數(公制時為 $1.0\ \text{kg-m/N-s}^2$)

q：熱傳量 (J/kg)

w：功(J/kg)

ΔH：揚程損失(m)

在(方程式 7-5)中每一項的單位皆為「每單位質量之能量」，其中 $V_1^{\,2}/2g_c$ 代表流體在截面 1 之動能，gZ_1/g_c 代表流體在截面 1 之位能，而 $g\Delta H/g_c$ 代表流體在風管間截面 1 與 2 的總機械損失含風管摩擦和動力損失。由於 ΔH 其單位為高度，因此稱為揚程損失(Head Loss)。

當系統為絕熱(q=0)，且不作功(w=0)，流體高度變化也可忽略(Z_1=Z_2)時，(方程式 7-5)可簡化為

$$\frac{V_1^{\ 2}}{2g_c} + \frac{P_1}{\rho} = \frac{V_2^{\ 2}}{2g_c} + \frac{P_2}{\rho} + \frac{g\Delta H}{g_c}$$

(7-6a)

上式同乘 ρ 後可得

$$\frac{\rho V_1^{\ 2}}{2g_c} + P_1 = \frac{\rho V_2^{\ 2}}{2g_c} + P_2 + \Delta P_{t,1-2}$$

(7-6b)

其中 $\Delta P_{t,1.2} = \rho\, g\, \Delta H/g_c$，稱為全壓損失。(方程式 7-6b)為不可壓縮穩態流於同一水平的絕熱直管風管中流動的能量方程式，全壓損失代表流體在風管間截面 1 與 2 的總機械損失含風管摩擦和動力損失。

7-2-3　全壓、靜壓與動壓

流體的全壓損失主要來自於靜壓損失和動壓損失，從動壓的定義而言動壓損失是來自於流速的下降。由於(方程式 7-6b)中各項單位皆為壓力單位(Pa)，因此在流體力學上常將(方程式 7-6b)中的各項單位賦予與壓力有關的物理意義的名詞。其中 P 稱為靜壓(Static Pressure)，也就是一般在熱力學上所談的壓力。而 $\rho V^2/2g_c$ 則稱為動壓(Dynamic Pressure)或速度壓力(Velocity Pressure)，可代表流速或動能的變化大小，由於在公制單位下的 g_c 值為 1，因此可只將動壓寫成 $\rho V^2/2$。將流體所具有的靜壓與動壓相加，就稱為全壓(Total Pressure)或停滯壓力(Stagnation Pressure)。以上三種壓力表示為：

靜壓：$P_s = P$

動壓：$P_v = \dfrac{\rho V^{\ 2}}{2}$

全壓：$P_t = P_s + P_v = P + \dfrac{\rho V^2}{2}$

因此(方程式7-5)可改寫成

$$P_{S,1} + P_{V,1} = P_{S,2} + P_{V,2} + \Delta P_{t,1-2} \tag{7-7a}$$

或

$$\Delta P_{t,1-2} = \Delta P_{S,1-2} + \Delta P_{V,1-2} \geq 0 \tag{7-7b}$$

　　流體在風管間流動的過程，由於能量的不可逆性(Irreversibility)的存在，必定會使總機械能減少，也就是使全壓下降。全壓下降所代表的，並非靜壓與動壓同時的減少，因為流體在風管內流動時，其風管內壓力會依固態邊界形狀及尺寸的改變而變化。舉例來說，在漸縮風管中一定的流量通過，由質量守恆定理可知，流速必定增加而導致動壓上升，或因動壓下降所換來的部份靜壓升高(即靜壓再得，Static Regain)。因此(方程式7-7)中任意兩截面全壓損失 $\Delta P_{t,1-2}$ 恆為正值，而 $\Delta P_{S,1-2}$ 與 $\Delta P_{V,1-2}$ 則可能為正或為負，但兩者相加後的結果必為正值。

7-2-4　風管系統的全壓損失

　　流體在風管間流動的過程，由於能量的不可逆性的存在，全壓會朝流動方向而減少，此全壓損失的來源可區分成為兩類，分別是：摩擦損失(Friction Loss)及動態損失(Dynamic Loss)。摩擦損失又稱為主要損失，導因於流體的黏滯性，使流動的過程中產生摩擦，使總機械能減少，進而造成全壓損失降低；動態損失又稱為次要損失，導因於風管系統的截面積與形狀改變，或因安裝各式配件(Fitting)與設備(Equipment)所造成。

1.　摩擦損失的計算

　　　流體流過橫剖面為圓形的直風管時，摩擦損失所造成的壓力降的基本方程式計算，可用 Darcy 方程式：

$$\Delta P_f = \frac{fL}{D_f} \times \frac{\rho V^2}{2} = \frac{fL}{D_f} \times P_v \tag{7-8}$$

其中

ΔP_f：摩擦損失(Pa)

P_v：動壓(Pa)

f：摩擦因子

L：風管長度(m)

D_f：風管的當量直徑(m)

2. 動態損失的計算

動態損失是因為流體流過風管系統時，因為風管的截面積與形狀的改變，導致流體在管內產生渦流(Eddy Current)的現象所造成。安裝各式配件，如彎管、分歧管、開關與縮放管等，為使得流動路徑上截面積、速度、流量及流動方向改變，或因安裝各式設備，如過濾器(Filter)、盤管(Coil)或閘門(Damper)等。在風管系統中安裝上述元件將會造成流體速度的下降或上升，因而造成系統的全壓損失的變化。動態損失所造成的壓力變化，可由(方程式7-9)計算：

$$\Delta P_d = \frac{f \times \sum L_e}{D_f} \times \frac{\rho V^2}{2} = \frac{f \times \sum L_e}{D_f} \times P_v \tag{7-9}$$

$$= \sum C \times \frac{\rho V^2}{2} = \sum C \times P_v$$

其中

ΔP_d：動態損失(Pa)

$\sum L_e$：風管系統配件的等效長度(m)

$\sum C$：風管系統配件的局部損失係數

3. 全壓損失的計算

由於系統的全壓損失包括了摩擦損失與動態損失，因此由 (方程式 7-8 與方程式 7-9)，可得到 Darcy-Weisbach 方程式：

$$\Delta P_t = \Delta P_f + \Delta P_d = \left(\frac{fL}{D_f} + \sum C \right) \times \frac{\rho V^2}{2} = \frac{f \left(L + \sum L_e \right)}{D_f} \times \frac{\rho V^2}{2} \mathrm{P} \quad (7\text{-}10)$$

過去計算機或電腦不普及的時代，每一風管的全壓損失都要使用(方程式 7-10)計算頗為不便，因此在許多風管設計的手冊上，都將摩擦損失繪製成圖形以便查詢，所繪製的圖形稱為「摩擦線圖」(Friction Chart)。而在查詢摩擦線圖須注意的一點，每張摩擦線圖都是基於已知的流體密度、黏滯係數及管壁粗糙度等參數所繪製，因此使用時必須了解該摩擦線圖的適用性。

7-2-5　摩擦因子

摩擦因子為雷諾數(Reynolds Number)及風管表面相對粗糙度(Relative Roughness)的函數，雷諾數與風管表面相對粗糙度的定義如下：

1. 風管內流場的雷諾數(Re)

$$\mathrm{Re} = \frac{\rho V D_f}{\mu} \tag{7-11}$$

其中 Re 為無因次單位；μ 為流體運動黏度(Kinematic Viscosity)，單位為 $\mathrm{m^2/s}$。

　　風管系統只要管內的雷諾數高於 2300，流動狀態便開始由層流，經過過渡區(Transition)，通常伴隨著剝離現象，而進入紊流的流動狀態。所謂紊流是指有不規則擾動加諸於主要流動的流體流動狀態。圖 7-3 是一個對稱翼截面，流體剝離前後的流線(Streamline)示意圖，當對稱翼截面的攻角(Angle of Attack)過大時，流體流過前緣後加速度過大，導致壓力急速下降，加上摩擦的作用，使得邊界層內的流體無法克服過大的背壓而剝離開翼表面，而風機進入劇變狀態(Surge or Stall)大致也是因此而開始，而風管內的閘門的流動情形也是這樣。風管內氣流剝離使得全壓降增加，結果造成風量不足或者必須將風機性能提高，補足額外損失；風機產生劇變，本來應產生的壓力提昇變得不穩定，甚至倒灌，嚴重的話會使風機產生結構性損壞；閘門反而是利用剝離現象，因此而提高風管的壓損，使得風機的送風量下降，達到風量控制的目的。

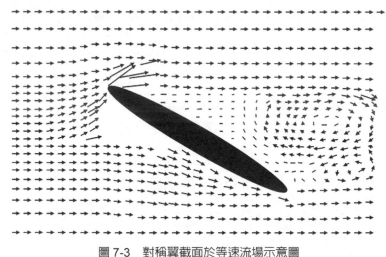

圖 7-3　對稱翼截面於等速流場示意圖

　　紊流中的擾動可大、可小，但無論大小它對流場的發展及壓力平衡扮演核心角色就是因為這些擾動造成的混合效果

(Mixing)，紊流產生的摩擦力遠遠大過層流造成的摩擦力，以機械動力學的角度而言，其產生的壓損就比較大，所以維持紊流比維持層流需要更多的機械能。不過紊流卻正因混合效果強，紊流邊界層內的流體容易自層外吸收動能，所以紊流邊界層能承受較大的背壓而不致產生剝離現象。

2. 風管表面相對粗糙度(ε_r)

$$\varepsilon_r = \frac{\varepsilon}{D_f} \tag{7-12}$$

其中 ε 為管壁的絕對粗糙度(Absolute Roughness)，單位為長度單位公尺。表 7-1 則列出某些管的絕對粗糙度。相對粗糙度的在範圍在 2001 年的 ASHARE Handbook【2】的書中第三十四章有提到大致上介於 0.03mm~3mm 之間，而較完整資料可參考 Handbook of Hydraulic【3】。

摩擦因子有圖解及方程式可供利用，傳統的 Moody 圖【4】，如圖 7-4 所示，只要知道雷諾數及相對粗糙度，即可在 Moody 圖中找到相對應的摩擦因子值；方程式以 Colebrook【5】的結果最被廣泛應用：

表 7-1　絕對粗糙度【3】

管、風管的種類	管壁的絕對粗糙度 ε, m
鑄鐵管	0.0004～0.0006
鑄鐵管(塗抹瀝青)	0.000125
鍍鋅鋼管、鍍鋅鐵板風管	0.00015
撓性風管	0.0006～0.0008(有的可達 0.002)
拉製(銅管、玻璃管)	0.0000015
PVC 管	0.0009

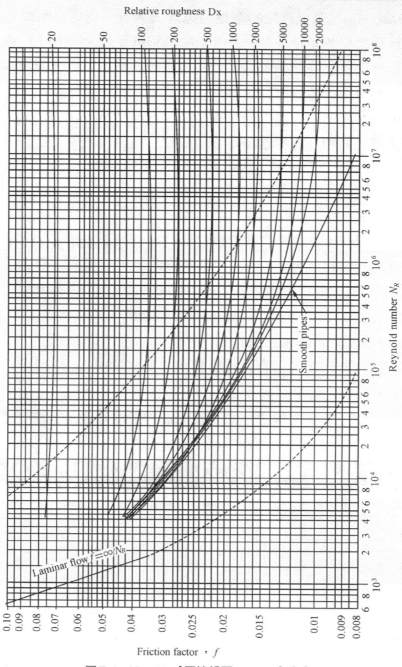

圖 7-4　Moody　【圖摘錄至 Moody【4】】

$$f = \left\{ \frac{1}{1.14 + 2\log \dfrac{D_f}{\varepsilon} - 2\log \left[1 + \dfrac{9.3}{\mathrm{Re}\left(\varepsilon/D_f\right)\sqrt{f}}\right]} \right\}^2 \tag{7-13a}$$

或

$$\frac{1}{\sqrt{f}} = -2\log \left[\frac{\varepsilon}{3.7 D_f} + \frac{2.51}{\mathrm{Re}\sqrt{f}}\right] \tag{7-13b}$$

　　此方程式為計算摩擦因子中最被廣泛應用的半經驗公式，(方程式 7-13b)中無法將 f 單獨分離至等式的左邊，因此必須用數值方法以迭代的方式求解【6】。

　　由於 Colebrook 方程式在求解時較為困難，因此有許多後續的學者提出可較容易求解的摩擦因子的半經驗公式，其中較著名的有 Altshul-Tsal 方程式【7】：

$$f' = 0.11\left(\frac{\varepsilon}{D_f} + \frac{68}{\mathrm{Re}}\right)^{0.25}$$

若　$f' \geq 0.018$ ：$f = f'$

若　$f' < 0.018$ ：$f = 0.85f' + 0.0028$ \tag{7-14}

以及 Swamee-Jain 方程式：

$$f = \frac{0.25}{\left(\log \dfrac{\varepsilon/D_f}{3.7} + \dfrac{5.74}{0.9\mathrm{Re}}\right)^2} \tag{7-15}$$

以上二式中，只要知道相對粗糙度及雷諾數，即可直接代入方程式求出摩擦因子。

7-2-6　矩形風管的當量直徑

管內流的流體力學公式，大都針對圓形截面風管推導，因此對於非圓形截面的風管，必須定義一類似圓形圓管參數，使矩形風管也可以適用圓形風管所有公式算出所要結果。此一參數定義為當量直徑 (Equivalent Diameter)，其單位為公尺。

"當量直徑"就是與矩形風管有相同單位長度摩擦阻力的圓形風管直徑，分為流速當量直徑與流量當量直徑兩種。

(1)　流速當量直徑

如果某一圓形風管中的空氣流速與矩形風管中的空氣流速相等，同時兩管的單位長度摩擦阻力也相等，則該圓形風管的直徑就稱為此矩形風管的流速當量直徑，單位為公尺。

根據定義，圓形風管與矩形風管的水力半徑必須相等。

圓形風管之水力半徑 $= \dfrac{A}{P} = \dfrac{\frac{\pi}{4}D^2}{\pi \cdot D} = \dfrac{D}{4}$

矩形風管之水力半徑 $= \dfrac{ab}{2(a+b)}$

兩式相等，即　$\dfrac{D_v}{4} = \dfrac{ab}{2(a+b)} \Rightarrow D_v = \dfrac{2ab}{a+b}$

(2)　流量當量直徑

當一圓型風管中的空氣流量與矩形風管中的空氣流量相當，但單位長度摩擦阻力也相等，則此圓形風管的直徑就稱為此矩形風管的流量當量直徑，以 D_e 表示。

風管中的壓力為：$\Delta P = f \cdot \dfrac{L}{D} \cdot \dfrac{V^2}{2} \cdot \rho$

而摩擦係數 $f \propto \dfrac{1}{\mathrm{Re}^{0.2}}$

$$\Delta P \,(\text{圓型風管}) = \frac{C}{\left[\dfrac{\rho \cdot D \left(\dfrac{Q}{\pi D^2/4}\right)}{\mu}\right]^{0.2}} \cdot \frac{L}{D} \cdot \frac{\left(\dfrac{Q}{\pi D^2/4}\right)^2}{2} \cdot \rho$$

$$\Delta P \,(\text{矩形風管}) = \frac{C}{\left[\dfrac{\left(\dfrac{2ab}{a+b}\right) \cdot \rho \cdot \left(\dfrac{Q}{ab}\right)}{\mu}\right]^{0.2}} \cdot \frac{L}{(2ab/a+b)} \cdot \frac{(Q/ab)^2}{2} \cdot \rho$$

$\Delta P \,(\text{圓型風管}) = \Delta P \,(\text{矩形風管})$，則

$$\frac{1}{D^{0.2}\,(4/\pi D^2)^{0.2}} \cdot \frac{1}{D} \cdot \frac{16}{\pi^2 D^4} = \left(\frac{a+b}{2}\right)^{0.2} \cdot \frac{a+b}{2ab} \cdot \frac{1}{(ab)^2}$$

$$\frac{16}{4^{0.2} \cdot \pi^{1.8}} \cdot \frac{1}{D^{4.8}} = \frac{1}{2^{0.2} \times 2} \cdot \frac{(a+b)^{1.2}}{(ab)^3}$$

$$D^{4.8} = (1.546 \times 2.287) \cdot \frac{(ab)^3}{(a+b)^{1.2}}$$

$$D = (1.546 \times 2.287)^{\frac{1}{4.8}} \cdot \left[\frac{(ab)^3}{(a+b)^{1.2}}\right]^{\frac{1}{4.8}}$$

$$= 1.3 \times \frac{(ab)^{0.625}}{(a+b)^{0.25}} = D_e$$

　　值得注意的是，不管是採用流速當量直徑或是流量當量直徑，一定要注意其對應關係，採用流速當量直徑時，必須有矩形風管中的空氣流速去查出阻力。當採用流量當量直徑時，必須用矩形風管中的空氣流量去查出阻力。兩式求得的矩形風管單位長度摩擦阻力應該是相等的。

7-2-7　配件的局部損失係數

　　(方程式7-9)中的 C 稱為局部損失係數(Local Loss Coefficient)，也稱為次要損失係數(Minor Loss Coefficient)，主要是用來計算風管配件中流體的全壓降，即動態損失。局部損失係數定義為

$$C = \frac{\Delta P_d}{P_v} = \frac{\Delta P_d}{\rho V^2 / 2} \tag{7-16}$$

　　一般而言，由於流體在配件入口與出口截面上的流速不見得相同，因此(方程式 7-16)中，須注意所使用的 C 值是基於哪一個流速基準平面。即

$$\Delta P_d = C_i \frac{\rho V_i^2}{2} = C_o \frac{\rho V_o^2}{2} \tag{7-17}$$

其中　　　下標 i： 配件入口截面
　　　　　下標 o： 配件出口截面
　　由(方程式7-17)，可得到 C_i 與 C_o 之間轉換關係為

$$\frac{C_i}{C_o} = \left(\frac{V_o}{V_i} \right)^2 \tag{7-18}$$

　　對於如圖 7-5 的分流管(Diverging Junction)或合流管(Converging Junction)，其主風管(Main Section)及支管(Branch Section)段上的動態損失須由不同的 C 值決定，即

$$\Delta P_{c\text{-}s} = C_{c\text{-}s} \frac{\rho V_c^{\,2}}{2}$$

$$\Delta P_{c\text{-}b} = C_{c\text{-}b} \frac{\rho V_c^{\,2}}{2}$$

(7-19)

其中　　下標 s：主側(Straight 或 Main)

下標 b：支側(Branch)

下標 c：匯集側(Common)

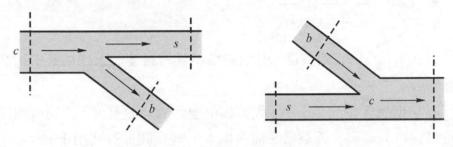

圖 7-5　分流管及合流管之示意圖

(方程式 7-19)中 $C_{c\text{-}s}$ 及 $C_{c\text{-}b}$ 的流速基準截面是取決於匯集側,若要將基準截面定於主側及支側,則(方程式 7-18)可得

$$\frac{C_{c\text{-}i,s}}{C_{c\text{-}i,c}} = \left(\frac{V_c}{V_s}\right)^2$$

$$\frac{C_{c\text{-}i,b}}{C_{c\text{-}i,c}} = \left(\frac{V_c}{V_b}\right)^2$$

(i=s 或 b)

(7-20)

　　影響局部損失係數大小的因素有很多,包括配件型式、尺寸及流場型態等,因此必須藉由實驗的方法才能得到其結果,一般風管設計人員都是直接從手冊中查詢這些資料。ASHARE Handbook【2】中以表格方式列出四十餘種較常見的配件損失係數。在參考文獻【3】則有更詳細的資料,除了有更完整的配件型式外,列出的損失係數也包含了圖形、表及方程式。

7-2-8　等效長度

(方程式 7-9)中的 L_e 稱為配件的等效長度(Equivalent Length)，就如表 7-2 的水管施工時配件的等效長度一樣，其目的與局部損失係數相同，主要是計算流體在配件中的全壓降。其好處在於可以利用計算摩擦損失的 Darcy 方程式來計算動態損失，因此總全壓損失就可簡潔地寫成

$$\Delta P_d = \frac{f \times L_{\text{total}}}{D_f} \times \frac{\rho V^2}{2} \tag{7-21}$$

其中 L_{total} 為總等效長度，其意義為風管的長度加上該風管上所有的配件等效長度。

在早期風管設計手冊中，大多提供配件的等效長度，而現今的手冊則是以提供局部損失係數為主流，兩者的轉換關係可利用下式：

$$L_e = \left(\frac{D_f}{f} \right) C \tag{7-22}$$

表 7-2　局部阻力之等效長度

管徑(in)	球閥	角閥	閘閥	90° 標準肘管	45° 標準肘管
2	16.1	7.3	0.7	1.5	0.8
5/2	21	8.8	0.9	1.8	1.0
3	25.6	10.7	1.0	2.3	1.2
7/2	30.5	12.5	1.2	2.7	1.4
4	36.6	14.3	1.4	3.1	1.6
5	42.7	17.7	1.8	4.0	2.0

　　由於建築物空間限制，使用矩形風管的機率相當高。一般而言，風管的設計都是先將所有風管視為圓管得到所要需求後，再考慮空間限制將圓管尺寸轉換成矩形風管。在尺寸轉換過程中，必須使轉換後圓管與矩形風管有相同的流速與壓力降，目前大都使用 Huebscher【8】提出的(方程式 7-23)進行轉換。

$$D = \frac{1.3(HW)^{5/8}}{(H+W)^{1/4}} \tag{7-23}$$

其中　　D：圓管管徑(m)

　　　　H：轉換後矩形管高度(m)

　　　　W：轉換後矩形管寬度(m)

　　由(方程式 7-23)可知，同樣的圓管直徑可以有數種不同的高寬組合，因此必須先依建築物空間決定方管高度或寬度中的一項，再求出另外一項。

7-3　風管系統之守恆定律

一、質量守恆

　　對於系統中的某節點 a 而言，流入的總體積流率必定等於流出總體積流率，即

$$\sum Q_{a,\text{in}} = \sum Q_{a,\text{out}} \tag{7-24}$$

以圖 7-6 的五管段系統為例，以下各式恆成立：

節點 a：$Q_1 = Q_2 + Q_4$

節點 b：$Q_2 = Q_3 + Q_5$

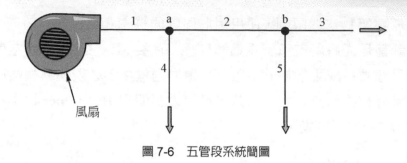

圖 7-6　五管段系統簡圖

二、能量守恆

　　風管系統中流體的全壓降代表具有的總機械能，且最佳風管系統其各路徑的總全壓降須相等，其可用能量守恆來表示。對於系統中的某節點 a 而言，流體在 a 點所具有的全壓必定等於以 a 點為起點的子路徑上之總全壓降，即

$$P_{t,a} = \sum_{subpath} \Delta P_t \tag{7-25}$$

　　以圖 7-6 的五管段系統為例，以下各式恆成立：

　　　　節點 a：$P_{t,a} = P_{t,2} + P_{t,3} + P_{t,4} + P_{t,5}$
　　　　節點 b：$P_{t,b} = P_{t,3} + P_{t,5}$

7-4　工業風管的組件及種類

　　工業用的通風管通常是由直管、肘管、漸擴或漸縮管、孔口、流量控制器、歧管通道、閘門和閥、煙囪、雨擋板和風扇或空氣過濾器的傳送部分所構成。在通風管中靜壓的使用者包含摩擦損失，肘管損失、歧管通道損失、孔口損失、漸擴損失、漸縮損失、風機入口損失、煙囪損失和其它擾流或系統的摩擦損失。

　　現在許多對於管路損失有用的資訊，在 1930 與 1940 年代就已經有所發展。設計者有一個不可少的選擇，就是鍍鋅金屬材質之風管。今天我們依然在許多的系統上使用鍍鋅的薄金屬，但是還是有製造 PVC 塑膠管、ABS 塑膠管和強化的玻璃纖維。薄金屬管有不同的長度或截面並且有插管接頭。薄金屬管也可能是沒有插管接頭的螺旋管。軟管則可用多種材料製造。在工業通風需尋找每一種可用的管來使用，每一種都有它特有的裝置。

7-4-1　摩擦損失

　　一個常用問題是：我們應該使用何種形狀的風管？答案是，在工業通風通常都是一樣：盡可能使用圓管，圓管的好處為：

1.　阻力損失較其它形狀好。
2.　它能提供較好的氣膠傳輸環境。
3.　相較於相等面積的方形/矩形管，使用較少的金屬(因此，它可能會便宜一點)。

　　風管有方形、矩形、圓形和橢圓型等種類。摩擦損失係數以圓管為主。對於其它的形狀，你必須計算一個相當的圓管直徑，稱為"當量直徑"(參考 7-2-6 節)。使用當量直徑和實際體積流率去計算摩擦損失，不要使用管速 V 去計算摩擦損失。圓當量可以從流體流動關係找到公式以計算三角形、橢圓形和其它奇怪形狀的風管。

　　空氣流過風管大都是呈現擾流並且會有摩擦損失。"損失"表示靜壓轉變成熱、震動和噪音。摩擦損失可能會使溫度些許上升。摩擦損失大致與下列有關：

1.　與管的長度呈線性正比關係。($\Delta P \propto L$)
2.　壁面的粗糙度與管的材質有很大的關係。($\Delta P \propto f$)
3.　與空氣的速度成二次方正比關係。($\Delta P \propto V^2$)

4. 與管面積成二次方反比關係。 ($\Delta P \propto \dfrac{1}{A^2}$)

5. 當 Q 為常數時,與管徑成五次方反比關係;當速度為常數時,與管徑的一次方成反比關係。 ($\Delta P \propto \dfrac{1}{D^5}$)

6. 與空氣密度呈線性正比關係。 ($\Delta P \propto \rho$)

這些關係意指(所有其它因素皆相等):假如長度為 2 倍,摩擦損失也為 2 倍;假如使用平滑表面的風管,在表面粗糙度的摩擦損失會較少;假如速度為 2 倍,摩擦損失會增加為 4 倍;假如管徑為 2 倍,當 Q 為常數時,摩擦損失會減為原來的 1/32,而當速度為常數時,則減為 65%;假如空氣密度減少 20%,摩擦力也會減少約 20%。

■ 註解

〔1〕 Osborne ,W.C., 1966,<u>Fans</u>, Pergamon Press Ltd.

〔2〕 ASHRAE, 2001, <u>ASHRAE Handbook - Fundamentals</u>, Chapter 14.34., Atlanta, GA:ASHRAE Inc.

〔3〕 Idelchik, I. E., 1994, <u>Handbook of Hydraulic Resistance</u>, 3rd ed., Boca Raton, FL:CRC Press

〔4〕 Moody, L. F., 1944, "Friction Factors for Pipe Flow", <u>Transactions of the ASME</u>, Vol. 66(8),pp. 671-684.

〔5〕 Colebrook, C. F. , 1938-39, "Turbulent Flow in Pipes with Particular Reference to the Transition Region Between the Smooth and Rough Pipe Laws", <u>Journal of the Engineers</u>, Vol. 11, p. 133.

〔6〕 Behls, H. F., 1971, <u>Computerized Calculation of Duct Friction</u>, Building Science Series , Vol. 39, p. 363.

〔7〕 Altshul, A.D., L.C. Zhivotovckiy, and L.P. Ivanov, 1987, <u>Hydraulics and Aerodynamics.</u>, Stroisdat Publishing House, Moscow.

〔8〕 Huebscher, R. G., 1948, "Friction Equivalents for Round, Square, and Rectangular Ducts", <u>ASHRAE Transactions</u>, pp. 101-144.

風機的選擇與操作

8

　　風機為通風系統內不可或缺之主要設備，風機之壓力計算及功能選擇對排氣系統的效率有決定性之影響，因此對排氣系統設計者而言必須特別重視。美國 AMCA(空氣流動與控制協會)是研究風機的主要組織。AMCA 本身已建立確定的制度，測試的規格，及產品的測試，幾乎所有的風機製造商都在使用。所以選擇風機時會看是否有 AMCA 驗證商標以保證品質。風機的選用必須要參考靜壓力(P_S)以及風機實際的空氣移動量等兩個重要參數(Q)。

　　風機葉片轉動必須經由空氣的流動，就像輪葉一樣，把空氣推向前。這也引起了在葉片的前半部產生了正壓力並在後半部產生了負壓力。這些靜壓力傳送著上下游的空氣向排氣管前進。由於葉片是透過空氣運動，實際上移動的距離有限，大約只向前移動幾吋。新空氣立即取代了向前移動的空氣。

8-1　風機種類

　　風機一般依氣流進入及吹出的方向大致可分為離心式、斜流式、橫流式及軸流式等四種型式。工業用途風機大多採用離心式、斜流式及軸流式三種型式，其中離心式依葉輪的形狀又可以分為數種形式。以下為各種形式的特性及用途之詳細說明。

1.　離心式(Centrifugal Type Fan)

　　　離心式風機是由葉輪、機殼、軸心、軸承座、進風口、出風口及電動機、傳動構件所構成，構造如圖 8-1 所示。當葉輪受電動機驅動而在機殼中旋轉時，葉片間隙中的氣流即由旋轉的離心力，被徑向的甩向機殼周邊，再經蝸形機殼引向排氣口排出。氣流流向機殼周邊而被甩出形成正壓，葉輪中心即因氣流被甩出而同時形成負壓，空氣因而被源源吸入，終於形成源源不息的空氣流動。離心式依葉輪的形狀可分為下列數種：

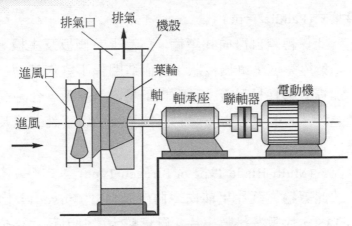

圖 8-1　離心式風機構造示意圖

(1)　後向式葉片(Backward Curred or Turbo Type)

此為一般最常用的機種，葉片成後向彎曲(Backward Curred)。構造堅固，可高速旋轉，從低壓到高壓均可製造。葉輪容許少量灰塵進入，但不適合輸送大量粉塵。適用於各種氣體的輸送或集塵設備之抽風等，此種風機用途較廣泛。

(2)　翼截式(Aerofoil Type)

此型式為後向式葉片之改良型。葉片截面形狀依飛機的機翼斷面形狀製造而得名。效率高且具有定截性(Limit Load)，噪音為所有機種中最低者。適用於一般通風設備，如辦公大樓或工廠通風，各種工業製程之送風；但不適合輸送氣體中含有粉塵的場合。

(3)　徑向式(Redial Type)

此型式葉輪的葉片出口角呈徑向輻射狀，約為 70°～90°。其葉片因呈輻射狀，因此不易附著粉塵，適用於輸送氣體中含有中等粉塵量之集塵設備或粉塵粒體輸送。葉片上如有耐磨材料，容許粉體通過而較不易磨損。

(4) 槳葉式(Paddle Type)

此係轉變自徑向式葉輪。葉輪上有側板及主板,兩面開放式,葉片完全呈單獨板狀。因構造關係不宜作高速旋轉。在葉片加焊耐磨耗材料後,耐磨且不易附著粉塵,容許高含塵量氣體進入。適用於各種窯爐的直接抽風,除塵設備以及粉粒體輸送。

(5) 多翼式(Multi-Blade Type or Sirocco Type)

此葉輪之葉片呈前向彎曲(Forward Curved),出口角大約為 135°,片數多達數十片。風量較大,但因葉片結構較弱,僅適於低速旋轉,故均使用於低壓場合。適用於工廠或建築物之空調系統。

2. 軸流式風機(Axial-Flow Type Fan)

軸流式風機是由輪葉、機殼、導向葉片、整流罩、擴壓筒、軸承座及電動機所組成,有各種不同的型式。當輪葉被電動機驅動旋轉時,氣流即被葉片推擠、升壓,而順著軸向前流出。導向葉片和前後整流罩的主要功能為改變和引導氣流方向。構造如圖 8-2 所示。

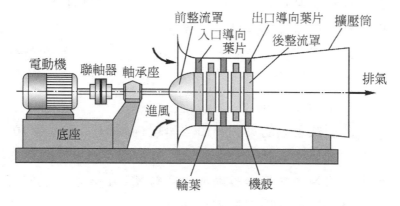

圖 8-2　軸流式風機構造示意圖

3.　斜流式(Mix-Flow Type Fan)

　　斜流式送風機的外殼有離心式的渦卷狀及軸流式的桶狀兩種。葉片的形狀介於離心式與軸流式之間。作爲送風機的用途時，一般多用在大風量低風壓的範圍，即介於離心式送風機與軸流式送風機之間。

8-2　風機測試

　　對於風機性能有所懷疑或爭執時，最好的方式就是重新測試風機性能。通常測試一台風機有三種方式：

1.　在實驗室依照各種量測標準，例如國內風機測試大都採用 ISO 5801【1】或美國空氣移動協會的 AMCA 210【2】的測試標準，其以標準風道測量風機實體。採用統一的測試標準，可使得不同廠商所發表的產品效率，得以作一公正的比較。無論何種型式的風機其測試都是採用標準化配置，並非一定依照將來實際安裝的情形，因實際之配置變化很多，無法在實驗室將它們完全複製。這就是爲何一部風機在實驗室按標準規定予以測試後再安裝於系統上使用時，卻往往達不到其原定效率的原因之一。

2.　現場直接量測風機(依照 ISO 5802 或 AMCA 203【3】)，此方式是爲解決實驗室測試時無法反映實際風機運轉情況，因爲實際送風系統中，由於建築物空間、系統費用及額外的系統阻抗(整流網、閘門、孔口板等都會增加系統壓力阻抗)等等因素，實驗室很難複製並測試。

3.　按照原機之縮小比例製作模型在實驗室中以標準風道量測，再將所得結果用風機定律(Fan Laws)轉換爲實體結果。

　　測試時風機要附上一段出口或進口端之風管，此一原因可用離心式風機接上風管的情形爲例子說明，由圖 8-3 可看出在風機出口端之速度不均勻的現象，在風機送風至大氣之前加裝一段風管可控制出口端不均勻氣流的擴散，而使速度分佈趨於均勻，如圖 8-4 所示。當氣體通過一個突然放大的空間時，其能量損失與速度平方有關，因而在風機出口端接上一段直風管可令風速均勻並使在排放至大氣時瞬間能量降低。風機亦可於測試時不加裝一段出口或進口端之風管，因此風機廠商對於產品須要作詳細說明。

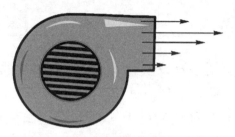

圖 8-3　風機以非均勻風速送至大氣

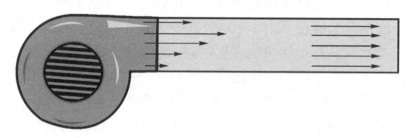

圖 8-4　在風機出口端加上一段直管氣流逐漸擴散而達到均勻風速

8-2-1　風機定律

　　風機控制多半加入變頻器，因此選擇風機時必須要了解其流量、壓力、功率和轉速之間的關係。表 8-1 為風機定律(Fan Law)可以用來了解風機的直徑(D)、流量(Q)、壓力(P)、功率(W)和轉速(N)之間的關係。首先，第一定律為於風機體積流率中改變風機直徑、轉速及空氣密度而得到流量、壓力及功率的關係式。其次，第二定律為改變風機直徑、壓力及空氣密度而得到流量、轉速及功率的關係式。最後，第三定律改變風機直徑、流量及空氣密度而得到轉速、壓力及功率的關係。

表 8-1　風機定律

風機定律	公式	
第一定律	$\dfrac{N_1}{N_2} = \dfrac{Q_1}{Q_2}$	(轉速 ∝ 風量)
第二定律	$\left(\dfrac{N_1}{N_2}\right)^2 = \dfrac{P_1}{P_2}$	(轉速)^2 ∝ 壓力
第三定律	$\left(\dfrac{N_1}{N_2}\right)^3 = \dfrac{W_1}{W_2}$	(轉速)^3 ∝ 功率

8-2-2　風機壓力與動力

　　風機需對於壓力和流量有特別的表示方法。有兩種對風機壓力描述較常用的方法。

1.　風機全壓力

　　　　全壓，通常標明著 FTP，TPF，風機 TP，TPf，或 P_{Tf} 這些描述流動空氣通過通風系統的所需能量。FTP 的計算可經由風管內全壓力損失計算的絕對值求得。

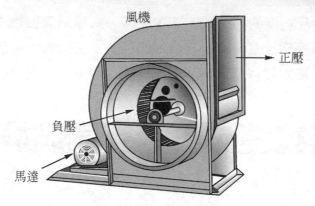

風機

正壓

負壓

馬達

圖 8-5　風機壓力分佈圖

$$\text{FTP} = P_T \text{ out} - P_T \text{ in} \tag{8-1}$$
$$\text{FTP} = P_S \text{ out} + P_V \text{ out} - P_S \text{ in} - P_V \text{ in}$$

假如 P_V out 與 P_V in 相當，例如，假如平均的進口及出口速度相等，然後 P_V 項式在上列方程式即可消去。

$$\text{FTP} = P_S \text{ out} - P_S \text{ in} \tag{8-2}$$

FTP 通常稱為 "風機全壓"。

2. 風機靜壓力

　　風機靜壓力的定義為風機全壓力減去風機外的平均速度壓。

$$\text{FSP} = \text{FTP} - P_V \text{ out} \tag{8-3}$$

　　風機靜壓力不完全等於靜壓力 out 減去靜壓力 in。但風機靜壓力可取代全壓損失如此更保守。FSP 可定義為系統的損失，例如，靜壓力的能量轉變成沒有用處的熱或噪音。

$$\text{FSP} = P_S \text{ out} + P_V \text{ out} - P_S \text{ in} - P_V \text{ in} - P_V \text{ out}$$

把 P_V out 值消去，

$$FSP = P_S\,\text{out} - (P_S\,\text{in} + P_V\,\text{in}) \tag{8-4}$$

3. 風機動力

　　風機動力可進一步由風機全壓代入下式求得：

$$FHP = \frac{Q \times FTP}{6120 \times \eta} \ (\text{kW})$$

$$FHP = \frac{Q \times FTP}{8204 \times \eta} \ (\text{HP})$$

其中

　　η：為傳動輸出效率，約在 0.6～0.7 之間

　　Q：　為風量 (m^3/min)

　　FTP：為風機全壓 (mm w.g.)

　　FHP：為風機動力 (kW or HP)

例題 8-1 (US/SI)　一風機風量為 100 m^3/min，由下列各進口及出口的條件計算 FTP 及風機馬力各為多少？

解　答

	US 單位	SI 單位
P_S in	$-5.00''$ w.g.	-127mm w.g.
P_S out	$+0.40''$ w.g.	$+10$mm w.g.
P_V in $= P_V$ out	$+1.00''$ w.g.	$+25$mm w.g.

$FTP = P_S\,\text{out} - P_S\,\text{in} = 0.4''$ w.g. $+ 5''$ w.g. $= 5.4''$ w.g. $= 137$ mm w.g.

$$FHP = \frac{100 \times 137}{6120 \times 0.65} = 3.44 \ \text{kW}$$

$$FHP = \frac{100 \times 137}{8204 \times 0.65} = 2.57 \ \text{HP}$$

註：當使用這些方程式時不要忘記使用正確的符號。

例題 8-2 (US/SI) 從例題 8-1 的條件中，去估計風機的 FSP 爲多少？

解 答

	US 單位	SI 單位
P_S in	$-5.00''$ w.g.	-127mm w.g.
P_S out	$+0.40''$ w.g.	$+10$mm w.g.
P_V in$= P_V$ out	$+1.00''$ w.g.	$+25$mm w.g.

$$\text{FSP} = P_S \text{ out} - (P_S \text{ in} + P_V \text{ in}) = 0.4 - (-5+1) = 4.4'' \text{ w.g.} = 112 \text{ mm w.g.}$$

可由圖 8-6 說明風機各壓力之變化，空氣自氣罩 ab 被吸入後，經由排氣機而自 gh 排放於大氣時，在 ae 側之靜壓有逐自 0 點之大氣壓下降(負壓)之勢，直至排氣機口之 e 點而爲 P_{Si}。再經排氣機排出後，在 f 點升高至大氣壓之上而得 P_{S0}，再經 gh 排放於大氣恢復至 0。

其次，速度壓則均在如圖 8-6 所示正壓範圍內移動，在 e 點得 P_{Vi}，至 f 點而得 P_{V0} 值，直至 gh 恢復至 0。

因此；排氣機吸氣口之全壓 $(P_{Ti}) = P_{Si} + P_{Vi} = -\overline{ik} + \overline{lk} = -\overline{jk}$

排氣機排氣口之全壓 $(P_{T0}) = P_{S0} + P_{V0} = \overline{nm} + \overline{om} = \overline{pm}$

故，排氣機之全壓升 $(P_{Tf}) = P_{T0} - P_{Ti} = \overline{pm} - (-\overline{jk}) = \overline{pj}$

排氣機之靜壓升 $(P_{Sf}) = P_{S0} - P_{Si}$

P_{Si} 以 P_{Ti} 代入得

$(P_{Sf}) = P_{S0} - P_{Ti} = \overline{nm} - (-\overline{jk}) = \overline{nm} + \overline{jk} = \overline{nj}$

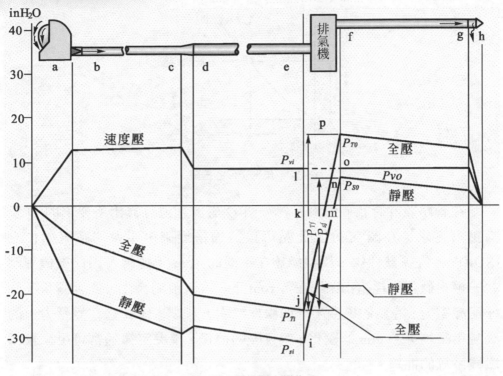

圖 8-6　風機壓力變化圖

8-3　SOP 和風機曲線

　　幾乎所有的風機都藉由風機的全壓來描述其規格但是你必須知道如何去估計全壓及靜壓。了解系統的操作原理，系統曲線，還有風機曲線將幫助你如何去選擇風機。圖 8-7 介紹一個通風系統工作性能。

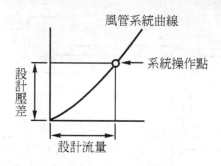

圖 8-7　風機工作曲線圖

　　在管路設計時我們僅僅只對一個 Q 感興趣並且算出所要求的 Q 及靜壓力需求。在圖 8-7 上此點可以被描繪出來，叫做 "系統操作點(SOP)"。在系統曲線，風機能夠在不同的 rpm 下運轉，因此風機靜壓力的絕對值可以標繪出來。在零 rpm 下，沒有流動發生，並且測量不到任何靜壓力。完整的風機系統曲線像二次方程式，因為它在靜壓力上的改變粗略地等於 cfm 的變化。在實際的慣例，風機定律通常可用來預測風機系統的曲線。

　　風機特性曲線的使用方法可以藉由圖 8-8 得知。在風機的進口側安裝一個短尺寸的導管並且在風機進口側安裝一個蝴蝶閥並且在導管進口側安裝一個蝴蝶閥。風機單獨運轉，並指明 rpm(例如，風機速度 n=500 rpm)。把閥門完全關閉，因此沒有空氣流出。查看曲線上的 A 點。蝴蝶閥慢慢的打開且隨著時間的增加會有更多空氣流過導管。最後，閥門完全的打開，將產生最大的流量且並沒有靜壓力的損失。

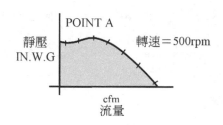

圖 8-8　風機特性曲線圖

　　藉由不同轉速下的風機,或者使用風機定律則會產生不同轉速的曲線。如此則能夠對於任何的風機產生群組曲線,如圖 8-9(a)。另外也能夠測量及繪製其它參數,例如,馬力消耗率,效率,噪音程度,均可如此類推,如圖(b)。通常地,我們僅僅只對曲線較有效率的操作範圍部份感興趣。因此,通常風機製造商僅僅標示在(c)圖上所遮蔽的範圍。正常的風機通常不會在此區域的左邊範圍工作,也就是在 "風機曲線後部" 操作,此時會造成空氣不穩定,振動及噪音增大而且為低效能操作,同時產生低的流動率等各種問題。

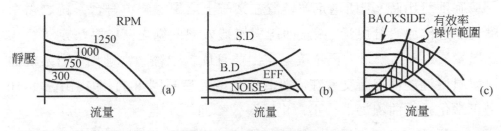

圖 8-9　風機特性曲線群組圖

8-4　系統曲線

　　當一定之風量通過一組空氣風管系統會產生出壓力損或阻力。而當風量改變時,壓力損或阻力亦隨之改變,這種改變之關係可以寫成:

$$\left(\frac{壓力_c}{壓力}\right) = \left(\frac{CFM_c}{CFM}\right)^2 \qquad\qquad (8\text{-}5)$$

　　一個典型之 "固定系統" 之特性曲線可依上述關係式繪成一拋物線。圖 8-10 為三個隨意訂出之系統(A,B,C)以阻力對流量之方式連接出三條不同之拋物線。對於一個固定系統而言,系統阻力之增減會延著該系統曲線而造成風量之增減。

　　參考圖 8-10 系統 A 之曲線。假設該系統之設計點是在 100%之風量及 100%之風壓時,當設計風量增至 120%時,根據系統方程式可算出該系統設計阻力會增至 144%(ΔP 與 Q^2 成正比,$Q \uparrow 1.2$　則　$\Delta P \uparrow 1.2^2 = 1.44$)。風量再增加,則系統壓力亦會相對之增加。如風量減到原設計風量的 50%時,則風壓亦會減至原設計壓力的 25%($Q \downarrow 0.5$　則　$\Delta P \downarrow 0.5^2 = 0.25$)。以百分比作基礎之風量壓力關係在系統曲線 B 及 C 亦同。這同樣的關係正是典型之固定系統之特性。

　　假如系統特性曲線,包括風量風阻關係及適當的 "系統影響因素" 已準確地訂出時,則所選定並裝置在系統上之風機將會符合系統之需求壓力並送出原設計風量。系統曲線與風機效率曲線之交會點決定了實際之風量。如果系統阻力已精確地定出並且風機也經適當選出,則系統曲線與風機性能曲線將交會在原設計風量處。參見圖 8-11 即為由圖 8-10 之正常化系統曲線加上一正常化風機效率曲線。

　　通過此一系統之風量會隨系統阻力之改變而改變。而此系統阻力之改變通常係透過了風機風門、風管風門、混合箱、終端箱等而達到。再由圖 8-11 可看出,原設計之百分之百風量(曲線 A,點 1)藉阻力之增加而使風量減至原設計之百分之八十,於是乎系統特性曲線亦轉變成曲線 B,這樣即使風機操作於點 2 上(風機曲線與新系統曲線 B 相交之處)。同樣的,當系統阻力減少時,則風量亦可增到原設計約 120%,於是系統曲線轉變至曲線 C 這樣即使風機操作於點 3 上(風機曲線新系統曲線 C 相交之處)。

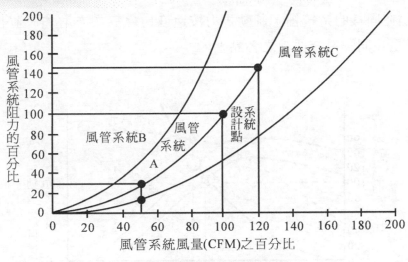

圖 8-10　正常化風管系統曲線

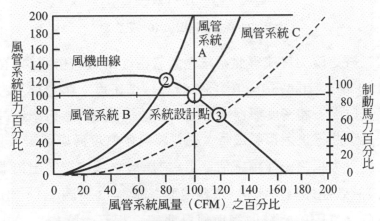

圖 8-11　風機性能曲線與風管系統性能曲線之相交情形

　　風機速度之增減會改變通過系統之風量。如圖 8-12 所示即為當風機速度增加 10%至點 2 時，其風量增加之情形。可是風量增加 10%卻會引至很大的馬力增加。根據風機法則馬力會增加 33%，$(110\%)^3 = 133\%$。空氣如此短缺之情形往往令系統設計者感到訝異。他僅想再增加 10%的風量時卻發現無法讓馬力增加 33%(馬力需求之增加是肇因於作功的增加。風機輸送之風量愈大，則系統之阻力就愈大，這也是速度作功增加之方式)在同樣的系統裡,制動馬力按速度比之三次方增加,並且風機效率仍是在同一系統曲線之各點上。

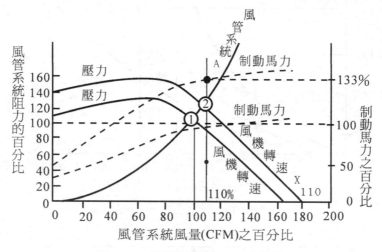

圖 8-12 風機轉速增加 10% 之影響

風管系統之阻力與流經此系統之氣體密度是息息相關的。在風機業界都定 1.2 kgs/m³ (0.075 lbs/ft³) 為氣體之標準密度。壓力與馬力係直接隨著風機進口端氣體密度與標準密度之比值而改變。當自風機製造商所提供之型錄或曲線來選擇風機時,總要將氣體密度考慮進去才是。

當系統壓力損失未能精確估算出,或風機之進口端與出口端有不符原意時,設計效能即無法達到。這些情形在圖 8-13 與圖 8-14 加以說明。再要注意的是實際的系統曲線與風機曲線之相互影響作用決定了實際之風量。

在圖 8-13 曲線 B 所示即為實際之風管系統對風量之阻力大過原先所預計之情況。風機係按原測試之情形在運轉。這種情形一般即是由於估算系統阻力不夠精確之結果。當計算壓力損失時,所有的損失都要被列入考慮,否則該最終之系統將比原設計的情形更俱限制,並且實際風量也會不足(如點 2 所示)。

如果實際系統壓力損失大於原設計時，如圖 8-13 系統 B，則就有必要增加風機轉速以期達到原設計之風量，如點 5。在打算增加風機轉速之前，必須先與風機製造商洽詢以決定風機轉速是否可以安全地提高，並決定所欲增加之馬力，因馬達有可能無法負載所超出之馬力。

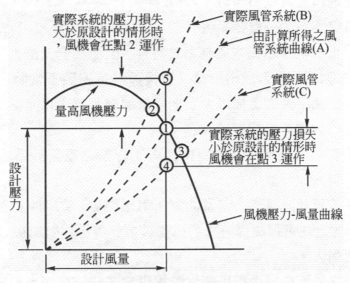

圖 8-13　當風管系統曲線未落於設計點上時

系統設計師在概估系統阻力時，往往會加上"安全係數"以彌補其不夠精確的估算。在某些情形下，安全係數的確可彌補被忽略而未算到之阻力損失而使實際之系統輸送原設計之風量(如圖 8-13，點 1)。可是，通常的結果是概估之系統阻力，在加上了這些安全係數時，往往會大過了實際系統之阻力。由於風機已按原設計之情況(如圖 8-13，點 1)來選購，因而輸送出之風量(如點 3)會較大乃是由於實際系統阻力在原設計之風量下較原設計之阻力更小(如點 4)之故。這樣的結果並不一定有利。因為從效能曲線上可看出風機是在一個較低效率之點上運動，並且比在原設計之風量所需之馬力更大。在這種情況下，就有必要靠降低轉速或調整風門來增加實際系統之阻力(曲線 C)至原設計之特性(曲線 A)。

8-4-1　風機系統效能不足

造成風機/系統組合效能不足其最常見的原因有三：

1.　風機出口端銜接不當
2.　風機進口端氣流不均勻
3.　在風機進口端有旋轉渦流

這些狀況改變了風機空氣動力之特性，因而其全流潛力未能實現。如果風機之進口端以及/或出口端之銜接設計或安裝不當時，這類情形就會發生。一個不良的銜接可大大地降低風機型錄上所示之效能。

其他造成效能不足的原因尚有：

1.　所安裝之系統其空氣效能特性與工程師之原設計系統有很大的差異時。
2.　在系統設計計算時未適當的將所附屬裝置、零組件之影響考慮在內，並且在選擇風機時未將附屬裝置、零組件對風機效能之影響包括列入。
3.　系統之效能係經由現場測試所提供之不正確結果所訂定出的。

為防止不足之效能所應注意的事項：

1.　當由於空間或其他因素以致無法讓風機之進出口端銜接於最佳安排時，應於設計計算時使用適宜之容許差量。
2.　設計風機與系統間之銜接接頭時，要儘可能的使風機進出口端之氣流狀況均勻平順。
3.　對於會使系統及風機效能有影響之所有零組件及裝置加上適當之容許差量。如可能的話，可向風機製造商索取對於附有此裝置的風機會生何種影響之資料。
4.　利用一些可有效地應用於特殊系統之量測技術。但也要注意在量測不夠精準亦會對此有所影響。

8-4-2　系統影響

圖 8-14 說明了不良的氣流狀況所產生之不足的風機/系統效能。現在假設系統壓力損失已精確的算出(如曲線 A，1 點)並且也選好一台風機在該點上運轉，可是尙未將系統銜接接頭對風機效能影響之容許差量放入，爲了對此 "系統影響" 做一彌補，則有必要將 "系統影響因素" 加入已計算出之系統壓力損失而定出實際系統曲線。對於任何已知之圖形而言，該系統影響因素即是指速度(風速)本身，並且該速度是在風機之出風量範圍內變化。

在圖 8-14 所說明的例子中即可看出風機效能曲線與實際系統曲線間之交會處爲點 4。實際之風量也因點 1 到點 4 間之差異而不足。爲要達到設計之風量，應將點 1 至點 2 之壓差加進已計算好的壓力損失內並且選擇的風機要在點 2 上操作。需注意的是因系統影響與速度有關，點 1 和點 2 之間所代表的差異大於點 3 和點 4 的差異。

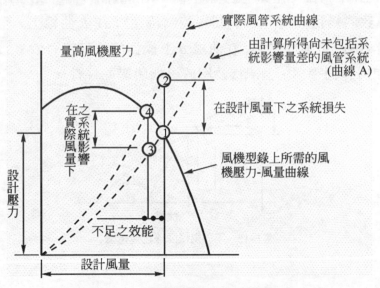

圖 8-14　不定量的風管系統效能變化圖

8-5 風機選擇

風機選擇可用系統曲線和風機曲線結合求得。假使風機被安置在系統中並以 n=500rpm 的速度運轉，曲線穿過產生的點，就是系統將會操作的地方。當然,，在系統設計期間，我們總是規定所要求的靜壓力和流量，換言之，我們需要的就是在系統曲線上的"系統操作點"。

當我們去選擇一個風機的時候，我們經常遇到經濟因素和系統操作點 SOP 穩定性之間的抉擇。在風機曲線操作點上釋放出圍繞中心點的曲線。為了確保穩定性和確實的體積流率，我們必須在曲線的陡峭部分操作。此部份離風機曲線上最有效的操作點通常較遠。在這裡操作意指系統中的靜壓力只會發生小的改變，而體積流率有較大的改變。

情況如圖 8-15 所示，透過要求的系統操作點，有兩種不同的風機曲線。一條比較平坦，一條比較陡峭。如果我們的系統靜壓力需求增加(例如，設計不精確，空氣過濾器阻塞，水閥關閉，諸如此類)在 A 曲線上，Q 導致的變化較大(放射式氣罩控制特性)；在 B 曲線上，變化較小-對風機比較好。非常遺憾地，在曲線 B 上操作將比較沒有效率；基本上，以上是如何詳細選擇一個風機及關於風機所需的條件。

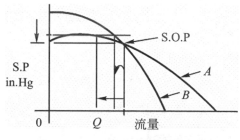

圖 8-15　不同風機曲線之變化圖

■ 註 解

〔1〕 ISO 5801, "Fans for General Purpose, Methods of Testing Performance in Situ", <u>International Organization of Standards</u>.

〔2〕 AMCA 210, "Fan and System", Air Movement and Control Association, Inc

〔3〕 AMCA 203,1990, "Field Publication Measurement of Fan System", <u>Air Movement and Control Association</u>, Inc. U.S.A.

9

局部排氣系統之設計
與壓力損失計算

9-1 系統設計步驟

一般設計一個局部排氣系統時需要經過下列所述步驟：

1. 了解實際狀況：是指事先與其他相關人員溝通協調。例如舒適性空調通風系統，設計前若能事先和建築師與機電技師進行協調，瞭解可安裝之建築物空間與電源系統配置，以避免不同領域所造成的風管系統設計的缺失。

2. 計算所需風量：也就是風管系統設計完成後所需達成供給空間之換氣風量。通常可從兩方面考慮：(1)以室內人數推算出通風量：室內人數×每人所須換氣量，每人所須之換氣量列於表 9-1。(2)以室內換氣次數推算出通風量：室內容積/標準換氣次數，標準換氣次數參考列於表 9-2。

3. 選擇出回風口、風機安裝及進/排風口位置：瞭解風管系統所有風口位置與流體動力源安裝位置，由所需風量算出該空間需要多少出回風口數量，且其安裝位置會決定空間氣流分佈狀況；進/排風口主要功用是建築物引進新鮮外氣與排出廢氣，要確保進氣口不會受到污染及排氣口不會產生環境問題。例如對製程通風而言，通常其出風口位置有相當的限制。

4. 設計風管系統：決定了出回風口、風機安裝及進排風口位置，才能進行風管系統設計，通常傳統風管系統設計，如等速法、速度遞減法、等摩擦法與靜壓再得法，其設計安裝完成後，通常須要以風門來平衡壓力，進而計算系統總壓降；而本書所強調介紹的 T 設計法在設計完成後，就已知各管段的全壓損失、流速且整個系統無壓力平衡問題。

表 9-1　每人所需之換氣量

分類	每人換氣量 m^3/min
孩童	0.75
成年女性	1.16
成年男性	1.4

表 9-2　標準換氣次數參考

場所	換氣次數(ACH)	場所	換氣次數(ACH)
夜總會	2～10	自助洗衣店	1～3
餐廳	3～8	奶酪店	2～5
美容院	2～5	引擎廠	1～3
陶瓷廠	2～10	圖書館	1～5
電鍍廠	1～5	藥劑室	2～10
庫房	2～10	室內游泳池	2～5
鐵工廠	2～5	酒吧	2～5
會議室	2～10	舞廳	2～10
住宅室	2～5	廚房	1～3
裝配場	3～10	洗衣店	2～5
禮堂	2～10	寄存室	2～5
麵包店	1～3	機工廠	3～5

表 9-2　標準換氣次數參考(續)

場所	換氣次數(ACH)	場所	換氣次數(ACH)
銀行	3～10	造紙廠	2～3
鍋爐房	2～4	人纖廠	3～10
保齡球館	2～8	辦公室	2～8
教堂	5～10	包裝場	2～5
乾洗店	1～5	生產工廠	1～2
機械室	1～1.5	飲食店	5～10
工廠(一般通風)	5～10	零售店	3～10
工廠(排煙)	1～5	小商店	3～10
鍛治工廠	1～2	商店(一般通風)	3～10
鑄造場	1～4	商場	2～5
修車場	2～10	戲院	3～8
發電機房	2～5	廁所	2～5
玻璃工廠	1～2	變更室	1～5
體育館	2～10	電氣渦輪室	2～6
蒸汽浴室	0.5～1		

5.　評估系統效應及安全係數：系統效應在不同場合有不同的定義。對於風管系統的系統效應，是指由各元件組合成的系統其產生額外阻力的現象。因為上游元件會使其出口流場受到扭曲，而影響下游元件的阻力係數，通常阻力係數會增大。風機也有系統效

　　應，其是指阻抗元件和風機的相對位置，會影響到風機特性。傳統風管系統設計方法，通常系統不確定因素較多，風機安全係數會取的較大，必要時再用風門控制達到所須需求。T 設計法在設計完成後，可知道風管系統的風機操作點，進而選用較小的安全係數。

6.　評估系統噪音：管段內流速會產生震動，而震動會伴隨噪音，只要滿足表 9-3 中的 HVAC 系統的建議流速與最高流速限制【1】且控制風速達到容許範圍內，噪音應可容許。只有在機房或者高速風管需要用隔音材料隔離噪音。

7.　監督施工後測試及調整：確定風管系統設計是否滿足需求。

9-2　風管系統的設計

　　風管系統是在已知的風量、各風口位置及風機位置確定後，再進行風管系統設計。設計過程中都是採用「嘗試錯誤」(Trial and Error)不斷迭代過程才能符合需求；同時，一個系統的設計通常有無數的風管組合，可滿足需求。

　　所謂設計，就是設計者與建築技師商榷後，先假想一個風管系統，順著建築物本身預留空間，將風機和各風口聯結。有了實際風管整體配置圖後，才能建立風管系統風量與壓降關係的數學模式，依據各建築物空間所需風量去預估總風量進而計算各風口的風量，但是各風口所得到的風量數值通常不符合需求，通常需不斷修改風管尺寸再計算所需風量。有經驗設計者可一開始就找出接近所需的風管尺寸分佈，因此可很快藉由小的修正就符合所需風量。對於一個沒有經驗的設計者，這個目的很難達到，但可藉由電腦模擬中達成設計者的需求。

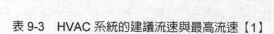

表 9-3　HVAC 系統的建議流速與最高流速【1】

	住宅	學校或商業建築	工業用建築
建議設計流速(m/s)			
主管	3.5～4.5	5～6.5	6～9
分支管	3	3～4.5	4～5
最高容許流速(m/s)			
主管	4～6	5.5～8	6.5～11
分支管	3.5～5	4～6.5	5～9
元件			
外氣回風口	2.5	2.5	2.5
過濾器	1.25	1.5	1.75
加熱盤管	2.25	2.5	3
冷卻盤管	2.25	2.5	3
空氣洗滌器	2.5	2.5	2.5
風機出口	5～8	6.5～10	8～12
高速系統			

管段傳輸流率(m³/s)	最高容許流速(m/s)
20～30	30
12.5～20	25
7.5～12.5	22.5
5.0～7.5	20
3.0～5.0	17.5
1.5～3.0	15
0.5～1.5	12.5

9-3　風管材料及型式

　　風管所使用材料有，鍍鋅鐵板、銅板、鋼板、鋁板、不銹鋼板、塑膠板、玻璃纖維板、氯化乙烯基內襯鋼板等，其中以鍍鋅鐵板較為常見。以下為各種類風管應用場所：

表 9-4　各種類風管應用場所【1】

風管材料	應用場所
鍍鋅鐵板	不易發生腐蝕的一般空調、換氣風管、外箱、集風箱類、給排氣格柵、風管的簡單吊具、各種排氣罩、噴台等
銅板	需要有耐久性的場所、無法油漆或高價的風管、尤其講求美觀的天蓋或風管、濕度特高的浴室、淋水間、游泳池的排氣風管、或會因其它金屬而腐蝕的鋼筋混泥土管的排氣風管或排氣罩等
鋼板	高溫空氣或瓦斯通過的風管或天蓋、防火風門、風量調節風門、排煙風門、不特別需要鍍鋅的排氣罩等
鋁板	與鍍鋅鐵板應用場所相同，但不可用於可能起火的廚房排氣風管、420℃以上高溫流體通過的風管、防火風門及排煙風門等及若是安裝於常有濕氣的石壁上，因壁內的石灰會腐蝕鋁板，故若無油漆保護，通常不可使用
不銹鋼板	沒有油漆而需要光澤的露出風管、濕度特高的浴室、淋水間、游泳池的排氣風管、廚房的排氣罩及不能使用其他金屬而腐蝕的鋼筋混泥土管的排氣風管或排氣罩、給排氣格柵等
塑膠板	電池室的排氣風管、給排氣格柵、使用化學藥品場所的排氣風管或排氣罩上
玻璃纖維板	應用在需要斷熱或吸音的風管上，但斷面尺寸大的場合(1000mm×600mm 左右以上)、高速及高壓的場合、125℃以上的熱風通過的場合、不可在屋外進行防水施工的場合、及貫通防火區的場合，不可使用
氯化乙烯基內襯鋼板	處理有害氣體、化學物質的換氣風管

　　風管的型式大致上可分成矩形及圓形兩種，風管的材料一般採用金屬材料，外包以不可燃的隔熱物質。圓形風管比方形風管較節省材料，但矩形風管較適合於建築構造，容易放置在天花板內。

　　矩形風管之板厚列於表 9-5 及表 9-6；而圓形風管之板厚則依表 9-7 及表 9-8 之規定。

表 9-5　高速矩形風管之板厚【1】

矩形風管之長邊	板厚
450mm 以下	0.8mm
450mm～1200mm	1.0mm
1200mm～2000mm	1.2mm

表 9-6　低速矩形風管之板厚【1】

矩形風管之長邊	板厚
450mm 以下	0.5mm
450mm～750mm	0.6mm
750mm～1500mm	0.8mm
1500mm～2200mm	1.0mm
其它	1.2mm

表 9-7　高速圓形風管之板厚【1】

板厚	直管	接頭
0.8mm	450mm 以下	─
1.0mm	450mm～700mm	450mm 以下
1.2mm	大於 700mm	大於 450mm

表 9-8　低速圓形風管之板厚【1】

板厚	直管	接頭
0.5mm	500mm 以下	－
0.6mm	500mm～750mm	200mm 以下
0.8mm	700mm～1000mm	200mm～600mm 600mm
1.0mm	1000mm～1200mm	～800mm
1.2mm	大於 1200mm	大於 800mm

9-4　壓力損失之計算

　　局部排氣裝置之壓力損失應包括氣罩、吸氣導管、空氣清淨裝置，排氣導管、排氣口等各部份壓力相加所得之和。因此，設計局部排氣裝置時應使排氣機全壓(由排氣機產生之全壓增加量)能適合此一合計之壓力損失。此外，如由此合計之壓力損失減去排氣機排氣口之速度壓所得之差適合排氣機之靜壓(自排氣機全壓減去排氣機排氣口之速度壓所得之差)亦可。

　　氣罩之壓力損失已於第六章詳述，現針對導管及排氣口部份之壓力損失部份說明之。

1.　直線圓形面導管

　　　直線圓形斷面導管之壓力損失以下列公式計算之

　　　P_R=單位長度壓力損失×風管長度

上式中之單位長度壓力損失可從圖 9-1 中求得，當得知 Q 與 V 或 Q 與 d 時則可從圖 9-1 查得所需之每單位長度之壓力損失，該圖之數據以鐵

皮製造風管為主，如當其他材料製造而其表面粗糙度與鐵板相異時，
應依表 9-9 所列之值修正其值。

表 9-9　不同於鐵皮材料之風管修正係數表

導管內壁	例	係數
特別光滑之面	合成樹脂導管、無接合部份之鐵管	0.9
中等程度粗糙面	水泥混凝土導管	1.5
特別粗糙面	可撓性導管、鉚接鐵板導管	2.0

此外，對於同一導管通以大小不同之風量 Q_1、Q_2 而壓力損
失分別為 P_{R1}、P_{R2} 時，則

$$\left(\frac{Q_1}{Q_2}\right)^2 = \frac{P_{R1}}{P_{R2}} \qquad \frac{Q_1}{Q_2} = \sqrt{\frac{P_{R1}}{P_{R2}}} \tag{9-1}$$

2. 直線方形斷面導管

直線方形斷面導管之壓力損失，無法直接用圖 9-1 求取，須
由方形斷面導管之長與寬求出其流速量當量直徑 D_{eq} 或流量當量
直徑 D_e，再用圖 9-1 求取壓力損失即可，當量直徑之計算可參考
7-2-6 節。

$$D_e = 1.3 \times \left[\frac{(長 \times 寬)^5}{(長 + 寬)^2}\right]^{0.125} \qquad D_{eq} = \frac{4 \times (長 \times 寬)}{2 \times (長 + 寬)} = \frac{2 \times (長 \times 寬)}{(長 + 寬)} \tag{7-16b}$$

| 例題 9-1 | 有一矩形風管，斷面尺寸為50cm×32cm，流量 $=0.75\text{m}^3/\text{s}$，求單位長度之摩擦阻力。 |

解 答

(1)用流速當量直徑 D_{eq}

　　矩形風管內的流速：$V = \dfrac{0.75}{0.5 \times 0.32} = 4.69\ \text{m/s}$

　　矩形風管的流速當量直徑：$D_{eq} = \dfrac{2ab}{a+b} = \dfrac{2 \times 500 \times 320}{500 + 320} = 390\text{mm}$

　　根據 $V = 4.69\text{m/s}$，$D_{eq} = 390\text{mm}$，查圖 9-1 可得

　　$P_{Ru} = 0.07\text{mm w.g./m}$

(2)用流量當量直徑 D_e

　　$D_e = 1.3 \dfrac{(ab)^{0.625}}{(a+b)^{0.25}} = 1.3 \dfrac{(0.5 \times 0.32)^{0.625}}{(0.5 + 0.32)^{0.25}} = 0.434\text{m}$

　　根據，$Q = 45\text{m}^3/\text{min}$，$D_e = 0.434\text{m}$ 查圖 9-1 可得

　　$P_{Ru} = 0.07\text{mm w.g./m}$

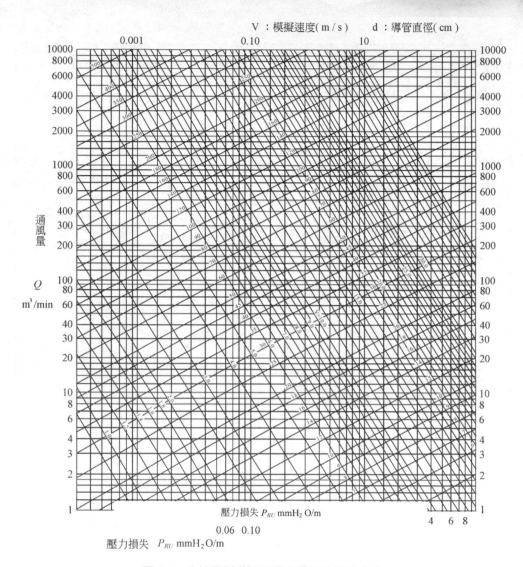

圖 9-1　直線圓形導管之壓力損失計算圖【2】

3.　圓形斷面肘管

　　圓形斷面肘管可由表 9-10 之肘管之壓力損失係數乘上動壓損失求得之，各種類之肘管如圖 9-2 所示。

表 9-10　圓形斷面肘管之壓力損失係數表

r/d	$K=P_R/P_V$
1.25	0.55
1.50	0.39
1.75	0.32
2.00	0.27
2.25	0.26
2.50	0.22
2.70	0.26

(a) 成形肘管

(b) 蝦節肘管

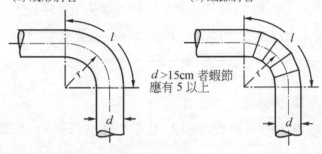

d >15cm 者蝦節
應有 5 以上

(c) 蝦節肘管

(d)

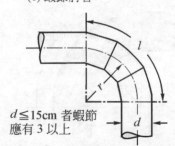

d ≦15cm 者蝦節
應有 3 以上

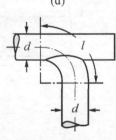

l：壓力損失計算範圍圖

圖 9-2　各式肘管圖

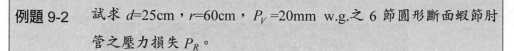

例題 9-2 試求 d=25cm，r=60cm，P_V=20mm w.g.之 6 節圓形斷面蝦節肘管之壓力損失 P_R。

解 答

$$\dfrac{r}{d} = \dfrac{60}{25} = 2.4 \qquad\qquad P_V = \left(\dfrac{V}{4.03}\right)^2$$

在表 9-10 中，因未列 r/d=2.4 之 K 之值力為安全起見可取 r/d=2.25，其 K 值為 0.26

$\therefore P_R = K \times P_V$ =0.26×20=5.22mm w.g.

註：表 9-10 所列之 P_R 值為 90° 肘管之壓力損失值。對於 45° 或 60° 肘管等 90° 肘管之值，應以 90° 肘管之壓力損失值乘以 $\dfrac{\theta}{90}$。

4. 長方形斷面肘管

　　圖 9-3 所示肘管之壓力損失，可由表 9-11 求得

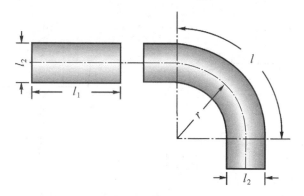

圖 9-3　長方形斷面肘管圖

例題 9-3　　設 $l_1 = 30\text{cm}$　　$l_2 = 15\text{cm}$
　　　　　　　　$r = 30\text{cm}$
　　　　　　　　$P_V = 20\text{mm w.g.}$

　　　　　　　之長方形斷面肘管，試求其壓力損失 P_R。

解 答

$$r/l_2 = \frac{30}{15} = 2$$

$$\frac{l_2}{l_1} = \frac{15}{30} = \frac{1}{2}$$

由表 9-11 得 $r/l_2 = 2$ 及 $\dfrac{l_2}{l_1} = \dfrac{1}{2}$ 時之 K 值為 0.11

$\therefore P_R = K \times P_V = 0.11 \times 20 = 2.2\text{mm w.g.}$

表 9-11　長方形斷面肘管之壓力損失係數差

l_2/l_1 r/ℓ_2	\multicolumn{6}{c}{$K = P_R/P_V$}
	4	2	1	1/2	1/3	1/4
0.0	1.50	1.32	1.15	1.04	0.92	0.86
0.5	1.36	1.21	1.05	1.05	0.84	0.79
1.0	0.45	0.28	0.21	0.21	0.20	0.19
1.5	0.28	0.18	0.13	0.13	0.12	0.12
2.0	0.24	0.15	0.11	0.11	0.10	0.10
3.0	0.24	0.15	0.11	0.11	0.10	0.10

5. 圓形斷面合流導管

圖 9-4 所示之合流導管之 P 點之壓力損失 P_R，得由表 9-12 求得。

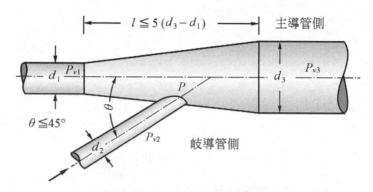

圖 9-4 圓形斷面合流導管圖

表 9-12 圓形斷面合流導管之壓力損失係數表

θ	歧導管側 $K=P_R/P_{V2}$	主導管側 $K=P_R/P_{V1}$	θ	歧導管側 $K=P_R/P_{V2}$	主導管側 $K=P_R/P_{V1}$
10	0.06		40	0.25	
15	0.09		45	0.28	0.2
20	0.12		50	0.32	
25	0.15	0.2	60	0.44	0.2
30	0.18		90	1.00	0.7
35	0.21				

例題 9-4　　$P_{V1} = P_{V2} = 20$mm w.g.，$\theta = 45°$時，分別試求主導管側及歧導管側因合流產生之壓力損失。

解答

①設主導管側因合流產生之壓力損失為 P_{R1} 時，由表 9-12 得

　　$P_{R1} = K \times P_{V1} = 0.2 \times 20 = 4.0$mm w.g.

②設歧導管側因合流產生之壓力損失為 P_{R2} 時，由表 9-12 得

　　$P_{R2} = K \times P_{V2} = 0.28 \times 20 = 5.6$mm w.g.

6.　長方形斷面合流導管

　　　如圖 9-5 所示，長方形斷面合流導管 P 點之壓力損失 P_R，可忽略主導管側之壓力損失，而以歧導管之壓力損失求取。

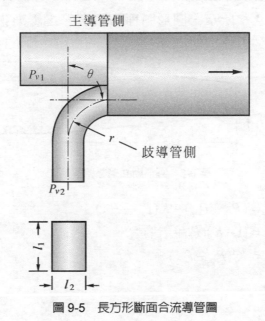

圖 9-5　長方形斷面合流導管圖

例題 9-5　圖 9-5 中設 l_1=30cm、l_2=15cm、r=30cm、P_{V1}=P_{V2}=20mm w.g.，θ=90°時，分別試求歧導管側及主導管側因合流產生之壓力損失。

解答

①歧導管側因合流產生之壓力損失得以 90° 長方形肘管之壓力損失計算。故由表 9-11 得

$$\frac{r}{l_2} = \frac{30}{15} = 2 \qquad \frac{l_2}{l_1} = \frac{15}{30} = \frac{1}{2}$$

$\therefore P_{R1} = K \times P_{V1} = 0.11 \times 20 = 2.2$ mm w.g.

②主導管側因合流產生之壓力損失 P_{R2}，可予忽視。

$\therefore P_{R2} = 0$ mm w.g.

7. 圓形斷面擴張導管

如圖 9-6 所示，圓形斷面擴張導管之壓力損失 P_R 及靜壓恢復量 $P_{S2}-P_{S1}$，分別如表 9-13。

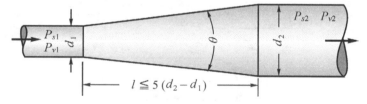

圖 9-6　圓形斷面擴張導管圖

$$P_{S2} - P_{S1} = (P_{V1} - P_{V2}) - K(P_{V1} - P_{V2})$$
$$= (1 - K)(P_{V1} - P_{V2})$$
$$= K'(P_{V1} - P_{V2})$$

表 9-13　圓形斷面擴張導管之壓力損失係數表

$\theta°$	$K = P_R/(P_{V1} - P_{V2})$	$K' = \dfrac{P_{S2} - P_{S1}}{P_{V1} - P_{V2}}$(靜壓恢復係數)
5	0.17	0.83
7	0.22	0.78
10	0.28	0.72
20	0.44	0.56
30	0.58	0.42
40	0.72	0.28
50	0.87	0.13
60	1.00	0
60～	1.00	0

例題 9-6　圖 9-6 中，設 P_{V1}=20 mm w.g.，P_{V2}=15 mm w.g.，$\theta°$ =20°時，試求其壓力損失 P_R 及擴大側之靜壓 P_{S2}。

解　答

①由表 9-13 得 $\theta = 20°$ 時之 P_R 為

$P_R= K(P_{V1} - P_{V2})$=0.44(20－15)=2.2 mm w.g.

②設流入側之靜壓為 P_{S2} 時，由表 9-13 得 $\theta = 20°$ 時之 P_{S2} 為

$P_{S2}=P_{S1}+ K'(P_{V1} - P_{V2})$=$P_{S1}$+0.56(20－15)=$P_{S1}$+2.8 mm w.g.

8.　圓形斷面漸縮導管

　　　　圖 9-7 之圓形斷面漸縮導管之壓力損失 P_R，如表 9-14 所示。靜壓之變化得以下式計算。

$$P_{S2}=P_{S1} - (P_{V2} - P_{V1}) - K(P_{V2} - P_{V1})= P_{S1} - (1+K)(P_{V2} - P_{V1})$$

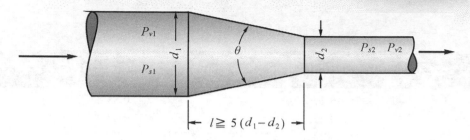

圖 9-7　圓形斷面漸縮導管圖

表 9-14　圓形斷面漸縮導管壓力損失係數表

$\theta°$	$K=P_R(P_{V2}-P_{V1})$
10	0.05
20	0.06
30	0.08
40	0.10
50	0.11
60	0.13
90	0.20
120	0.30

例題 9-7　如圖 9-7，設 P_{V1}=15 mm w.g.，P_{V2}=20 mm w.g.，$\theta°$ =20°時，試求其壓力損失 P_R 及漸縮導管之靜壓 P_{S2}。

解 答

①由表 9-14 得 $\theta = 20°$ 時之 P_R 為
P_R=$K(P_{V2}-P_{V1})$=0.06(20−15)=0.3 mm w.g.
②設流入側之靜壓為 P_{S1} 時，$\theta = 20°$ 時之 P_{S2} 為
P_{S2}=$P_{S1}-(P_{V2}-P_{V1})-K(P_{V2}-P_{V1})$
　　=$P_{S1}-(20-15)-0.3$=$P_{S1}-5.3$ mm w.g.

9. 附裝遮雨罩(Weather cap)之圓形斷面排氣口

圖 9-8 所示排氣口之壓力損失 P_R，如表 9-15 所示。表 9-15 所列之 K 減去 1 乘以 P_V 所得之值，約略與排出口之導管靜壓值相等。

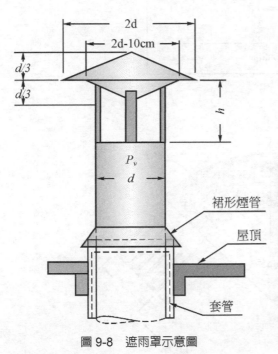

圖 9-8　遮雨罩示意圖

表 9-15　遮雨罩壓力損失係數表

h/d	$K=P_R/P_V$
1.0	1.10
0.75	1.18
0.7	1.22
0.65	1.30
0.6	1.41
0.55	1.56
0.5	1.73
0.45	2.00

例題 9-8　如圖 9-8 中，設 $d = 30$ cm，$h = 30$ cm，$P_V = 8$ mm w.g.時，試求該附裝遮雨罩之圓形斷面排氣口之壓力損失 P_R。

解 答

$$h/d = \frac{30}{30} = 1$$

由表 9-15 得 $P_R = K \times P_V = 1.1 \times 8 = 8.8$ mm w.g.

10. 格條形(Loover)排氣口

圖 9-9 之排氣口(正方形者)之壓力損失 P_R，如表 9-16 所示：

表 9-16　格條形排氣口壓力損失係數表

開口比	$K=P_R/P_{V2}$
70	1.50
90	1.25
(註)圓形斷面者亦同	

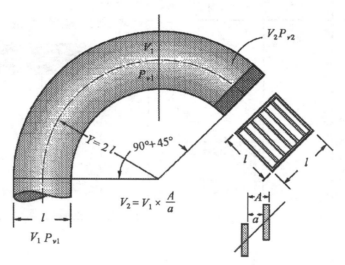

圖 9-9　格條形排氣口示意圖

例題 9-9　如圖 9-9 之長方形肘管之一端為百葉格條型排氣口時，試求該肘管及排氣口之合計壓力損失。但設肘管內之風速為 10 m/s，格條之開口比為 70%。

解 答

設通過開口比 70% 之格條開口部時之風速為 V_2 時，$V_2 = V_1 \times \dfrac{1}{0.7} = \dfrac{10}{0.7} \doteqdot 14.3$

m/s，風速 14.3 m/s 之速度壓 $P_{V2} = \left(\dfrac{14.3}{4.03}\right)^2 = 12.5$ mm w.g.。

① 故格條型開口部之壓力損失 P_{Ri} 由表 9-16 得

$P_{R1} = K \times P_{V2}$

$\quad = 1.5 \times 12.5 \doteqdot 18.8$ mm w.g.

② 肘管之 K 由表 9-11 得 90° 肘管時為 0.11，故乘以 $\dfrac{135}{90}$ 而得

$\therefore K = 0.11 \times \dfrac{135}{90} = 0.165$

$V_1 = 10$m/s 時之 P_{V1} 為 6.1mm w.g.

故肘管之壓力損失 P_{Rb} 為

$P_{Rb} = P_V = 0.165 \times 6.1 \doteqdot 1$mm w.g.

③ 肘管與格條型開口部壓力損失之合計 P_R 為

$P_R = P_{R1} + P_{Rb} = 18.8 + 1 = 19.8$mm w.g.

9-5　設計範例

本節將一局部排氣系統設計範例進行計算得以讓讀者能熟悉所有的壓力損失計算之公式計算，範例如圖 9-10 所示。

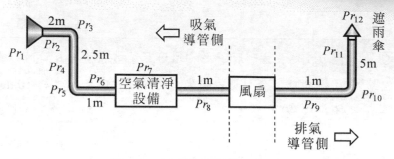

圖 9-10　局部排氣系統設計範例

假設此爲一熔接作業場所其氣罩爲具有凸緣面積爲 $0.06m^2$ 之方型氣罩，其最小捕集距離爲 $0.2m$，捕集速度可假設爲 $0.4 \, m/s$，而搬運速度爲 $15m/s$，風量則可由附錄 B 得到：

$$Q = 0.75(10x^2 + Af) \times Vc = 0.75(10 \times 0.2^2 + 0.06) \times 0.4$$
$$= 0.138m^3 / s = 8.28m^3 / min \approx 10m^3 / min$$

1.　首先計算吸氣側導管直徑

$$\frac{\pi}{4}d_1^2 = A_1 = \frac{500}{3} \times \frac{10}{15} = 111.1cm^2 \Rightarrow d_1 = 11.9 \fallingdotseq 12cm$$

如果採 $d_1 = 12cm$ 則搬運速度修正爲 $14.7m/s$

2.　排氣側導管直徑(排氣速度假設爲 $10m/s$)

$$\frac{\pi}{4}d_2^2 = A_2 = \frac{500}{3} \times \frac{10}{10} = 166.6cm^2 \Rightarrow d_2 = 14.6 \fallingdotseq 15cm$$

如果採 $d_2 = 15cm$ 則排氣速度修正爲 $9.4m/s$

3.　求 P_{r1} (氣罩)

$$P_{r1} = K \times P_V \qquad K = 0.7(附錄B)$$
$$= 0.7 \times 13.2 \qquad V = 14.7m/s，P_V = (\frac{14.7}{4.03})^2 = 13.2mm \, w.g.$$
$$= 9.3mm \, w.g.$$

而第 1 點之氣罩靜壓 $P_{S1} = -(K+1)\ P_V = -22.4$mm w.g.

一風管內之壓損爲 P_R(由第 1 點往第 2 點)

$$P_{T1} - P_{T2} = P_R$$
$$= (P_{S1} + P_{V1}) - (P_{S2} + P_{V2}) = P_R$$
$$= (P_{S1} - P_{S2}) = P_R - (P_{V1} - P_{V2})$$

如果氣罩口爲第一點，則 $P_{S1} = 0 = P_{V1}$，則

$$-P_{S2} = P_R + P_{V2}$$
$$P_{S2} = -(P_R + P_{V2}) = -(KP_{V2} + P_{V2}) = -(K+1)P_{V2}$$

如果排氣口爲第二點，則 $P_{S2} = 0 = P_{V2}$，則

$$P_{S1} = P_R + P_{V1}$$
$$P_{S1} = KP_{V1} + P_{V1} = (K+1)P_{V1}$$

4.　求 P_{r2}(2m 直管)

由 $Q = 10$m³/min，$d = 12$cm，查圖 9-1 知 $P_{ru} = 2.2$mm w.g.

則 $P_{r2} = 2.2 \times 2 = 4.4$mm w.g.

第二點之靜壓差爲 $P_{S2} = P_{S1} - P_{r2} = -22.4 - 4.4 = -26.8$mm w.g.

5.　求 P_{r3}(90°肘管)

90° 肘管之 $r/d = 1.25 \Rightarrow K = 0.55$(由表 9-10)

$$P_{r3} = K \times P_V = 0.55 \times 13.2 = 7.3\text{mm w.g.}$$

第三點之靜壓差爲 $P_{S3} = P_{S2} - P_{r3} = -26.8 - 7.3 = -34.1$mm w.g.

6.　求 P_{r4}(2.5m 直管)

$$P_{r4} = P_{ru} \times \ell = 2.2 \times 2.5 = 5.5\text{mm w.g.}$$

第四點之靜壓差爲 $P_{S4} = P_{S3} - P_{r4} = -34.1 - 5.5 = -39.6$mm w.g.

7.　求 P_{r5} (90° 肘管)

$$P_{r5} = P_{r3} = 7.3\text{mm w.g.}$$

第五點之靜壓差為 $P_{S5} = P_{S4} - P_{r5} = -39.6 - 7.3 = -46.9\text{mm w.g.}$

8.　求 P_{r6} (1m 直管)

$$P_{r6} = P_{ru} \times \ell = 2.2 \times 1 = 2.2\text{mm w.g.}$$

第六點之靜壓差為 $P_{S6} = P_{S5} - P_{r6} = -46.9 - 2.2 = -49.1\text{mm w.g.}$

9.　求 P_{r7}

$$P_{r7} = 50\text{mm w.g.} \text{(空氣清淨設備之壓損)}$$

第七點之靜壓差為 $P_{S7} = P_{S6} - P_{r7} = -49.1 - 50 = -99.1\text{mm w.g.}$

10.　求 P_{r8} (1m 直管)

$$P_{r8} = 2.2\text{mm w.g.}$$

第八點之靜壓差為 $P_{S8} = P_{S7} - P_{r8} = -99.1 - 2.2 = -101.3\text{mm w.g.}$

排氣導管側

11.　求 P_{r12}

遮雨罩 $h/d=1$，$K=1.1$(由表 9-15)

$$P_{r12} = K \times P_V = 1.1 \times \left(\frac{9.4}{4.03}\right)^2 = 1.1 \times 5.4 = 5.9\text{mm w.g.}$$

第十二點之靜壓差為 $P_{S12} = (K-1)P_V = (1.1-1) \times 5.4 = 0.5\text{mm w.g.}$

12.　求 P_{r11} (5m 直管)

$$P_{r11} = P_{ru} \times 5$$
$$= 0.7 \times 5 = 3.5\text{mm w.g.}$$

P_{ru} 由 $Q=10\text{m}^3/\text{min}$，$d=15\text{cm}$，由圖 9-1 得知

第十一點之靜壓差為 $P_{S11} = P_{S12} + P_{r11} = 0.5 + 3.5 = 4.0\text{mm w.g.}$

13. 求 P_{r10} (90°肘管)

90° 肘管，設 $r/d = 2$, $K = 0.27$ (由表 9-10)

$$P_{r10} = K \times P_V = 0.27 \times 5.4 = 1.5\text{mm w.g.}$$

第十點之靜壓差為 $P_{S10} = P_{S11} - P_{r10} = 4 + 1.5 = 5.5\text{mm w.g.}$

14. 求 P_{r9} (1m 直管)

$$\begin{aligned}P_{r9} &= P_{ru} \times \ell \\ &= 0.7 \times 1 = 0.7\text{mm w.g.}\end{aligned}$$

第九點之靜壓差為 $P_{S10} + P_{r9} = 5.5 + 0.7 = 6.2\text{mm w.g.}$

15. 求排氣機之全壓與靜壓

此局部系統全部之壓力損失為

$$P_{r1\sim12} = (P_{r1} + P_{r2} + \ldots\ldots + P_{r8}) + (P_{r9} + \ldots\ldots + P_{r12})$$

　　　吸氣側　　　　　　排氣側
$$= (9.3 + 4.4 + 7.3 + 5.5 + 7.3 + 2.2 + 50 + 2.2) + (0.7 + 1.5 + 3.5 + 5.9)$$
$$= 88.2 + 11.6 = 99.8\text{mm w.g.}$$

以此壓損視為排氣機靜壓較安全，因此排氣機全壓等於

$$99.8 + 5.4 = 105.2\text{mm w.g.}$$

又吸氣側與排氣側之靜壓差

$$P_{S8\sim9} = P_{S9} - P_{S8} = 6.2 - (-101.3) = 107.5\text{mm w.g.}$$

16. 排氣機動力

排氣機動力可由下式算出

$$排氣機動力(KW) = \frac{Q \times P_{if}}{6120 \times 全壓效率}$$

$$= \frac{10 \times 105.2}{6120 \times 0.6}$$

$$= 0.29\,kW$$

17. 馬達動力

為安全起見，宜將排氣機馬達動力增加 20%

馬達動力=0.29×1.2=0.34 kW

表 9-17　局部排氣系統之設計步驟

1	2	3	4	5	6	7	8	9		10	11	12	13	14	15		16	
							由附錄B	由圖9-1		由圖9-10				由表9-15				
歧導管或主導管	導管斷面尺寸(cm) 圓形:直徑 方形:當量直徑(長×寬)	導管斷面積(cm²)	排氣量 m³/min 主導管(修正)	歧導管(修正)	搬運速度(m/s)	速度壓(mmH₂O)	壓力損失之計算 氣罩壓力損失係數(K)	直線導管 mmH₂O/m	長度(m)	肘管壓力損失係數	合流導管壓力損失係數	擴張導管壓力損失係數	漸縮導管壓力損失係數	排氣口壓力損失係數	壓力損失(mmH₂O)	合計	靜壓(mmH₂O)	合計
氣罩 0~1	12φ	113.1	10		14.7	13.2	0.7								9.3	9.3	-22.4	-22.4
導管 1~2	12φ	113.1	10		14.7	13.2		2.2	2						4.4	13.7	-4.4	-26.8

90°肘管 2~3	12φ	113.1	10		14.7	13.2			0.55			7.3	21	-7.3	-34.1
導管 3~4	12φ	113.1	10		14.7	13.2	2.2	2.5				5.5	26.5	-5.5	-39.6
90°肘管 4~5	12φ	113.1	10		14.7	13.2			0.55			7.3	33.8	-7.3	-46.9
導管 5~6	12φ	113.1	10		14.7	13.2	2.2	1				2.2	36.0	-2.2	-49.1
空氣清靜裝置 6~7												50	86.0	-50	-99.1
導管 7~8	12φ	113.1	10		14.7	13.2	2.2	1				2.2	88.2	-2.2	-101.3
排氣機 8~9															
遮雨罩 12	15φ	176.7	10		9.4	5.4					1.1	5.9	5.9	0.5	0.5
導管 11~12	15φ	176.7	10		9.4	5.4	0.7	5				3.5	9.4	3.5	4.0
90°肘管 10~11	15φ	176.7	10		9.4	5.4			0.27			1.5	10.9	1.5	5.5
導管 9~10	15φ	176.7	10		9.4	5.4	0.7	1				0.7	11.6	0.7	6.2
局部排氣裝置全體之壓力損失													99.8		
排氣機前後之靜壓差															107.5
排氣機全壓(P_{Tf})	為安全起見，視壓力損失之和為靜壓值，則 P_{Tf}=99.8+5.4=105.2mm w.g.														

標準空氣下之排氣機					溫度修正後之排氣機			摘要	名稱	
型式	排氣量	10m^3/min	回轉數	(rpm)	排氣量	回轉數	(rpm)		電弧熔接用部排氣製裝置	
大小	排氣機全壓	105.2mmH$_2$O	排氣機動力	0.29(kW)	排氣機全壓	排氣機動力	0.34(kW)	空氣溫度 =20℃	計算書編號	NO.

9-5-1 壓損分佈圖

　　管路系統的壓力圖幫助預測在系統上任意點的實際壓力。每一個管路系統本身是平衡的。這意指它將吸收所有風機產生的靜壓並分布在整個系統上以確保平衡。假如我們增加風機的靜壓值，系統則會自己重新調整以恢復平衡。同樣地，假如系統中某一點的靜壓需求減少，整個系統會重新分配這個增加的靜壓值以達到新的平衡。

　　作為設計者與使用者，我們希望能預測與控制讓系統自行平衡。如同圖 9-11 顯示，系統中任意點的靜壓值與氣流流過那一點的設備有直接的關係。舉例來說，在氣罩的靜壓量測值(點 2)，靜壓所需的數值恰好能使空氣流過氣罩並在實際的管速下流過風管。風機所需的靜壓值(點 5)為移動空氣穿過氣罩、風管、氣罩和以管速將空氣帶到風機入口等數值的總和。並且要注意，所需的靜壓值需加上空氣移進風機和到管路末端的數值。進出風機所需的靜壓值代表空氣操作系統所需的全部壓力。

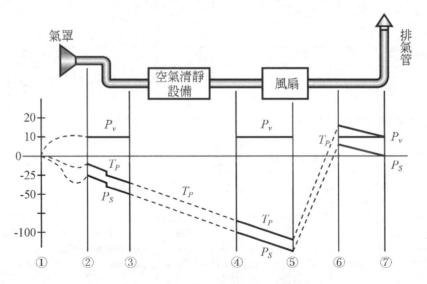

圖 9-11　風管之壓力損失分佈圖

9-6　排氣煙囪

　　工業用排氣煙囪的用途是用來排放作業環境內之氣體至週遭環境,這些空氣在被排放之前需將空氣污染物稀釋。排放出的空氣可發生在任何通風口和排氣口,排放時將會依照排放的體積、風速、方向、溫度、排放口地點而變化。

　　這些被排放氣體常有各種複雜且與作業員有關的問題,例如,化學實驗室使用有氣味的物質(硫酸)在小的氣罩內,但有部分氣體進入空氣進氣系統(如圖 9-12 所示),作業員將聞到化學品而感到不悅及鬱悶,且他們之中會有許多嘮騷:什麼物質進入建築物中?有什麼危害呢?本節是討論如何在局部排氣系統中將逸散源控制且減到最小的變化。注意本章節不適用於煙囪直接排氣過程設備。

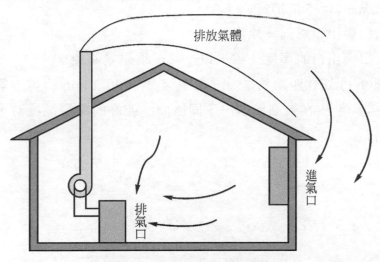

排放氣體

進氣口

排氣口

圖 9-12　工業用排氣煙囪示意圖

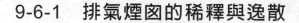

9-6-1 排氣煙囪的稀釋與逸散

　　如何設計一個排氣煙囪可應用在一個建築物內,且可估計空氣傳送化學物質的數量及可能產生的濃度是非常的重要。局部排氣系統的氣罩內幾乎全部都是由空氣和少量的化學污染物組成。(例如,在一個典型的實驗室中,氣體或蒸氣的濃度在氣罩中很少會超過 100 PPM)從排氣管排出的氣體將會迅速的稀釋。這個稀釋比例與風速成正比且和相離的距離平方成正比,同時也和排汽量及初始濃度成反比。

$$稀釋比 = F(\frac{V_{wind} \times L^2}{Q_{exh} \times C}) \tag{9-2}$$

　　實際上大部分的設計中,重要的參數是可預期的最小稀釋量。下列條件為稀釋屬於較差的狀況:

1.　低風速(3～5mph)。
2.　入口與出口為同一風向。
3.　入口與出口的高度一致,以上狀況須盡量避免。

　　從圖 9-13 知在距離為 75 ft,氣罩流量 1000 ft/min 時排放氣體將被稀釋約 150 倍。(在較高風速、不同風向、較高的導管高度時,稀釋因子會較高)。

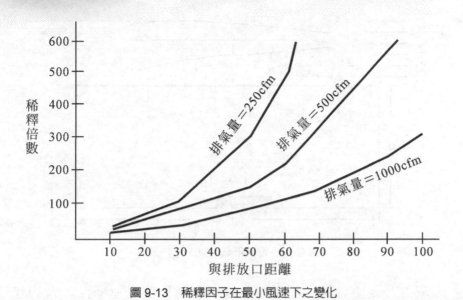

圖 9-13　稀釋因子在最小風速下之變化

例題 9-10　假設在實驗室氣罩導管內蒸氣濃度(Q=500 cfm)從不超過 C=100
PPM。通風口至建築物空氣系統的下風距離 50 英呎，預估建築
物內蒸氣濃度為多少？

解 答

從圖 9-13 得知，當 Q=500cfm，與排放口距離 50 英呎處，稀釋倍數約為
150 倍，也就是蒸氣濃度約為 $\frac{100}{150} \approx 0.7$ ppm，所以空氣進口處之濃度大約
接近 10：1，其濃度皆安全值以下。

　　一般而言很難精準地預估空氣被排離後的狀態，但是一些預測的方
向是可參考的。圖 9-14 是表示典型的煙從屋頂排出分布的範例。圖形
中 H 是建築物的高度，W 是與氣流平行的寬度，h 是煙層的高度，而
h_{eff} 是有效的煙層高度。有效的煙層高度 h_{eff} 與在煙層速度和排出氣體
溫度有關。通常高的排煙速度和溫度(超過風的速度和週遭溫度)，排煙
的有效高度會更高。

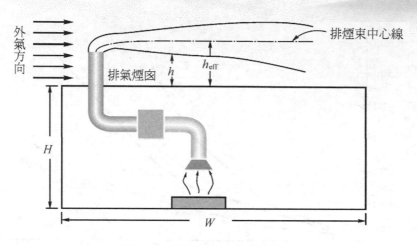

圖 9-14　煙囪排氣之氣流分佈圖

　　煙流上升是由於動力和浮力會維持某種程度之連續性，大約在 10
～30 倍煙囪直徑之下風處時煙流會成平仰狀態。

例題 9-11　一個從 8 吋小煙櫃排出的煙流氣體，多遠其煙流形狀會成平仰狀
　　　　　　　態？

解 答

大約 10～30 倍之煙囪直徑之下風處時，約為 8～20 英呎煙流會成平仰狀態。

　　數學模式可以預測算出煙層的有效高度，但是會超過這本書的範
圍。大約 10～15 ft 以下為設計煙囪高度之安全範圍。設計者須留意煙
囪高度必須高至足夠以避免污染空氣進入"再循環空間"。許多設計者
覺得 h=10 ft 將可以提供大部分屋頂煙囪足夠的再循環空間。二十年
前，設計者常使用的公式為"1.5 倍建築物高度"

$$h+H=1.5H \qquad\qquad (9\text{-}3)$$

　　將煙囪置於建築物通風口的順風處的建議是有限制的。因為氣流的速度和方向隨每小時、每天及季節轉換而變化。應用以下的建議將更為實際，"供給煙囪 1.4 倍風速的速度"。這通常足夠去避免排放之空氣污染物環繞煙囪的「下衝」現象，並避免因風壓反向往煙囪下流動。因要提高煙囪排放氣體足夠的風速必須提高煙囪的有效高度。明確的說，若有每小時 25 哩的風速，煙囪出口將產生大約 3000 fpm 的速度。如將煙囪盡可能的遠離通風口，一般來說 50 ft 是足夠的考慮高度。如圖 9-15 所示。

　　一個廣泛習慣使用原則為若可能的話煙囪離通風口最少 50 ft，且在屋頂線以上 10 ft；空氣通風口如果在 50 ft 的範圍內，必須提供煙囪煙流 3000 fpm 之出口速度。以上為一般原則，但是每一個煙囪必須要設計好，並且滿足情況的需要。因此專業的設計是重要的。

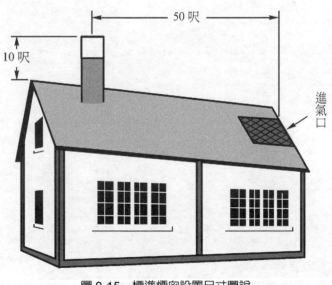

圖 9-15　標準煙囪設置尺寸圖說

■ 註解

【1】 Howell, R. H., H. J. Sauer, Jr., and W. J. Coad, 1998, <u>Principles of Heating, Ventilating, and Air Conditioning</u>, Chapter 9, Atlanta, GA：ASHRAE Inc.

【2】 "工業通風設計講習基本教材"，中華民國工業安全衛生協會印行。

10

特殊設備與空間之
換氣系統

　　所有工業通風系統(包括局部排氣及整體換氣)都需要交換空氣，大部分的「代換」或「供應」空氣系統，引進新鮮空氣至工作人員之工作地點，因此空氣的質與量必須達到一定的標準，本章將介紹最佳的通風系統構造，並介紹工業上的空調系統操作。排出的空氣必須以新鮮空氣取代，每一個排氣系統必須有一個空氣供應系統等內容。

　　一開放的建築物內，大氣壓力的變化可經由打開的門、窗、牆壁的縫隙、天窗及煙囪等，自然地代換並供應空氣。(遺憾的是，由於可預測性及可控制性不足，部分自然通風系統較不被重視。)如果通風的路徑並不順暢(例如密閉的建築物)，此空間將被設計成負壓狀態，空氣經由排氣系統而排出的機會可能會降低。當壓力充滿於一空間，就如同內部充滿某些物質，將會影響建築物通風系統之不同設計方式。

　　不同的設計會明顯影響換氣性能，如圖 10-1，如果排氣風扇曲線急遽升降(例如離心式風扇圖(a))，則減少的空氣流量較小；反之若排氣風扇曲線為平坦曲線(例如軸流式風扇圖(b))，則減少的空氣流量相當大。

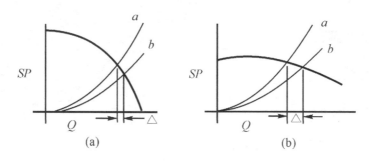

圖 10-1　不同型式風機性能曲線比較圖

　　又如圖 10-2，經常可見到大型的牆壁風扇並沒有排出建築物內的空氣，這種狀況發生於只有一個空氣代換源頭，而排出的氣體會經由風扇的護罩、刀身或箱蓋而捲入室內，如此一再經由風扇循環，使風扇之功能失效。室內 1.25 吋的靜壓會對門產生 26 磅的壓力，這是一個檢查通風系統作用是否充分的方法，如果此門很難開啟，或是猛然地關上，則通風系統很可能有問題。當轉速接近 1200 ft/min 時，1.25 吋的靜壓也會使通風裝置產生裂縫。導致冷空氣由外側滲入，因此會影響隔鄰氣罩之捕集效率(捕集速度一般建設在 1200 ft/min 以下)。

圖 10-2　不良設計之換氣風機示意圖

10-1　工業空調系統

空調指通風、加熱、冷卻、濕潤、除濕、清潔和舒適、安全與健康等作用空氣之通稱。機械式的通風和空調是近來發展的科技。第一個電動風機是在 1880 年代被發明成功，而空調系統也是這一世紀的產物。長久以來，人們利用自然空氣的流動(風)、手提式的風機、水的蒸發，甚至儲存湖冰來使室內增加的熱減少。

在本書中，我們集中在通風部分之探討。HVAC 和 IAQ 問題詳細討論在 HVAC 和 IAQ 規範手冊中。一般傳統工廠皆無空調設備，因此工廠內的溫度總是比室外的溫度高，原因是從設備和人的活動產生的熱。表 10-1 的例子是由不同製程和活動所可能引起合理的熱(BTU/hr)。

工業通風設計概要

表 10-1　不同製程所產生之合理熱值

來源	BTU/ hr
1 馬力(例如：電動機)	2550
1 仟瓦(例如：加熱器)	3400
1 燭光	3.5 /瓦特功率
1 個坐著的人	200～400
1 個從事輕工作的人	500～600
1 個從事重工作的人	1200～1500

　　下面的方程式可用來估算從一個典型工廠空間中移除過多熱所需的空氣量：

$$Q\,(\text{cfm}) = \frac{\text{BTU/hr}}{1.08 \times \Delta T} \tag{10-1}$$

當　　　Q=空氣流率(ft/min)

BTU/hr=在空間內所引起的合理熱量

ΔT=室內與室外所需的溫度差(℉)

　　首先，計算空間內所引起的潛熱總量，單位用 BTU/hr。其次，決定室內與室外所需的溫度差。

例題 10-1　假設在密閉、無空氣情況下的屋內，所產生的總熱為 100000
　　　　　BTU/hr。求達到室內溫度比室外溫度高 10 度情況下的體積
　　　　　流率 $Q=$？

解 答

$$Q\left(\mathrm{cfm}\right)=\frac{100000}{1.08\times(10)}\approx 9000\mathrm{cfm}$$

　　通風可以利用打開窗戶讓風吹入房屋內、使用自然式、通風機械式
的和/或設置風機在牆或屋頂上。

10-2　排氣櫃換氣系統

　　櫃式排風罩(又稱排氣櫃)是密閉罩的一種特殊形式，散發有害物的
工藝裝置(如化學反應裝置，熱處理設備，小零件噴漆設備等)置於櫃內，
操作過程完全在櫃內進行。排風罩上一般沒有可開閉的操作孔和觀察
孔。為了防止由於罩內機械設備的擾動，化學反應或熱源的熱壓，以及
室內橫向氣流的干擾等原因引起的有害物逸出，必須對櫃式排風罩進行
抽風，使罩內形成負壓。

　　根據排風形式來分，排氣櫃通常有以下三種形式：

(1)　下部排風排氣櫃

　　　　當排氣櫃內無發熱體，且產生的有害氣體密度比空氣大，
　　可選用下部排風排氣櫃。(如圖 10-3)

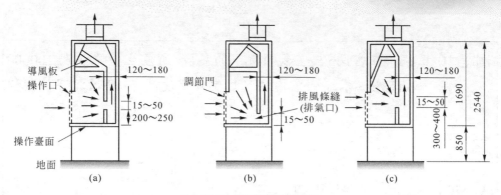

圖 10-3 下部排風排氣櫃

(2) 上部排風排氣櫃

當排氣櫃內產生的有害氣體密度比空氣小,或排氣櫃內有發熱體時,可選用上部排風排氣櫃。(如圖 10-4)

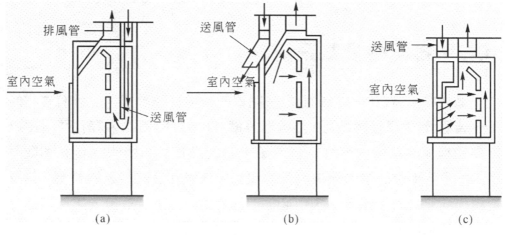

圖 10-4 上部排風排氣櫃

(3) 上下聯合排風排氣櫃

當排氣櫃內既有發熱體,又產生密度大小不等的有害氣體時,可選用上、下聯合排風排氣櫃。上、下聯合排風排氣櫃具有使用靈活的特點,但其結構較複雜。圖 10-5a 所示具有上、下排風口,採用固定導風板,使 1/3 的風量由上部排風口排走,

2/3 的風量由下部排風口排走。圖 10-5b 所示具有固定的導風板，上部設有風量調節板，根據需要可調節上、下比例。圖 10-5c 所示具有固定的導風板，有三條排風狹縫，上、中、下各一條，各自設有風量調節板，可按不同的工藝操作情況進行調節，並使操作口風速保持均勻。一般各排風條縫口的最大開啓面積相等，且爲櫃後垂直風道截面積的一半。排風條縫口處的風速一般取 5～7.5m/s。

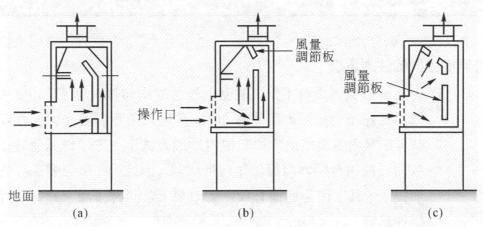

圖 10-5　上、下聯合排風排氣櫃

排氣櫃排風量的計算

排氣櫃的工作原理與密閉罩相同，其排風量可按下式計算

$$L = L_1 + \beta v F \tag{10-2}$$

式中　　L_1 － 櫃內污染氣體的發生量(m^3/s)

　　　　v － 工作孔上的控制風速(m/s)

　　　　F － 工作孔、觀察孔及其他縫隙的總面積(m^2)

　　　　β － 安全係數，一般取 β=1.05～1.10。

工作孔上的控制(吸入)速度大致在 0.25～0.75m/s 範圍內。相關控制風速可參考表 10-2。

表 10-2　排氣櫃的控制風速

有害物性質	控制風速(m/s)
無毒有害物	0.25～0.375
有毒或有危險的有害物	0.4～0.5
極毒或少量放射性有害物	0.5～0.6

排氣櫃設計的注意事項

(1) 排氣櫃排風效果與工作口截面上風速的均勻性有關，設計要求櫃口風速不小於平均風速的 80%。當通風櫃只開啓一面工作孔時，在室內各種進風方式和櫃內抽風方式下，工作口風速分布較同一抽風量開啓兩面工作口時均勻。因此，在不影響操作的前提下，爲了使通風櫃有較好的效果，以開啓一面工作口進行操作爲宜。

(2) 排氣櫃安裝活動拉門，但不得使拉門將孔口完全關閉。

(3) 排氣櫃一般設在車間內或試驗室內，罩口氣流容易受到環境的干擾，通常按推薦入口速度計算出排風量，再乘以 1.1 的安全係數。

(4) 排氣櫃不宜設在接近門窗或其它進風口處，以避免進風氣流的干擾。當不可能設置單獨排風系統時，每個系統連接的排氣櫃不應過多。最好單獨設置排風系統，避免互相影響。

排氣櫃屬「包圍式氣罩」的一種，相關設計研究早在半世紀以前就已開始，我們可以想像排氣櫃是一口會自動由外部抽入新鮮空氣的櫃子。當排氣櫃裏的藥瓶開啓或實驗裝置運轉而產生空氣有害物時，空氣有害物將隨排氣櫃內的氣體一起被下游排氣風管抽取，經空氣清淨裝置過濾後，再由排氣機排出室外。排氣櫃內部的空間因氣體被抽取而使其氣壓低於室內氣壓，於是室內氣體便因此一氣壓差異而自動流入排氣櫃內補充。

一、 操作環境條件

(一) 排氣櫃的空氣清淨裝置處理後的氣體通常直接排往屋頂，因此必須有足夠的新鮮空氣自室外流入，才能維持排氣櫃的正常運轉。

(二) 除了讓新鮮空氣流入的牆面開口或天花板開口(例如鋁製百葉氣窗、天花板進氣口)，其餘門窗不要經常啓閉，使排氣機的負荷經常維持穩定，同時避免自然風影響排氣櫃開口的空氣流場。

(三) 由於室內門窗常維持關閉，因此除排氣櫃以外，室內不可安裝能產生空氣有害物的設備，否則仍會影響室內操作人員的健康。

二、 好的操作習慣

(一) 排氣櫃運轉時，由於門窗鮮少開啓，故不宜在室內抽菸或進行會產生空氣有害物的作業。

(二) 人員面向排氣櫃開口站立時，無可避免會在身前排氣櫃開口附近形成對人員健康不利的回流區；此一回流區的大小與排氣櫃開口拉開的幅度有關，因此若排氣櫃內物品正連續不斷產生空氣有害物，則排氣櫃開口愈小愈好。

(三) 排氣櫃拉門拉開的時間愈短愈好，使用完畢立刻將拉門拉下；平時不宜在排氣櫃開口附近逗留。

(四) 排氣櫃開口附近不宜堆置物品阻礙空氣流入，也不宜有明顯的干擾氣流(例如在室內吹電風扇)，以免影響排氣櫃開口流場。

(五) 人員若須行經排氣櫃開口附近時，動作宜緩慢且最好遠離排氣櫃開口，以免人員行進造成的氣流將排氣櫃內的空氣有害物帶出。

10-3　空氣調節換氣系統

如果我們在作業環境中設定了控制空氣溫度，那我們就必須加入空氣調節。因為現代化的作業場所之空氣系統常常併入空氣調節系統(例如，無塵室)。

空氣調節包括熱作用，潮溼作用，冷卻作用，防潮作用以及清潔空氣等作用。雖然一開始的花費會比較大，但傳統的年度成本範圍只在所有年度操作費用的百分之一到百分之五(1～5%)。有空調的作業環境可增加生產力，較少的病號缺席，身體健康，減少維修，即使是在工業廠房中也可將此部份所節省之開支補列空調所需之費用。

機械式的空氣調節系統範圍從簡到繁，個人空氣處理設備(AHUs)可裝設在他們所需的空間中或是中央 AHUs 可裝設用來供應多重區域的使用。區域的定義是為供應空氣處理系統的區域。在較小的區域，對於在其中所有工作人員能夠比較有機會獲得令人滿意的調節。圖 10-6表示傳統中央空氣處理系統。

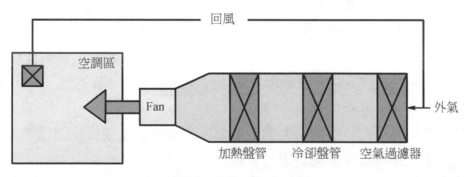

圖 10-6　傳統中央空調系統

在設計一空氣調節系統時，使用者必須選擇體積流率、溫度溼度以及空氣品質可符合空間中所需且經濟的組合。另外，必須選擇大小足夠的設備，一般空氣處理系統的組成如下：

1. 外界空氣的導管。

2. 過濾器。

3. 供應風扇。

4. 發熱和(或)冷卻螺線圈。

5. 濕潤或防潮設備。

6. 供應導管。

7. 分配管、分配箱、分配處理記錄器。

8. 篩氣閘。

9. 迴流空氣導管。

10. 迴流風扇。

11. 控制及檢測儀表。

在結合工業用的空調系統時，適當的空氣分配是相當重要的。適當的空調分類是不可缺少的：因為(1)給予空間正確的空氣量；(2)空氣調節器應裝設在正確位置以避免受到排放和曝露控制的影響或者協助室內稀釋效果。

回風及供氣單元系統可從大部份的製造公司得到。在初步設計期間應同幾個製造商接觸求得資訊及幫助。他們常能提供關於當地的最新資訊包括：燃料的有效性、設備花費、保固時期等。

應小心嚴防排氣回流。供氣單元放置太靠近排氣管的順風處，可能造成排氣管的污染空氣被重新吸入室內，如圖 10-7 所示。供氣風管及擴散口設計放置位置有下列考慮條件：

1. 避免氣罩附近的吸引性破壞。

2. 避免強勁的通風裝置直接吹向員工。

3. 避免清潔過程當中的灰塵揚起。

4. 適合置於現有的空間加熱設備的附近。

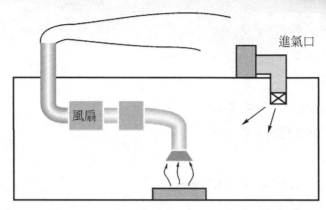

進氣口

風扇

圖 10-7　供氣單元與排氣管之相對位置圖

　　在排放控制不可行或排放控制相當昂貴及員工的工作場所非常固定時，小區域供氣設備是可用的。例如，精煉工為了鑄造工作常常每天站在相同的位置 4～6 小時。供氣裝置供給新鮮空氣足以使工作場所的空氣品質優於一般標準。高溫作業場所必須特別注意溫度的控制，在此設備中，建議其有可調整溫度的控制。而最大速度不應該超過 1800 fpm，若長期的工作則速度不宜超過 700fpm，同時可採用可調整的排氣口噴嘴。二個或三個側面阻擋板也可考慮使用來控制現場的氣流控制。

10-3-1　回風系統

　　回風系統在西元 1970 到西元 1980 年之間，因為能源的成本過高而倍受關注。美國職業安全衛生學會指導了許多的研究。很多論文已經完成，而且許多工廠也對現行的排氣系統作了翻新改造計劃。在 90 年代中期我們看到一些回風系統已經在建構中。安裝回風系統的主要理由是它可以節省燃料(因此節省金錢)，但因為高費用與潛在的危害和回風有關，因此這也讓人們相信回風系統應被仔細考慮採用。

　　回風再循環可使用 100%的舊空氣，但是一般需要一些新鮮、室外的空氣。一種替代回風做法是採用熱交換器將排氣之熱能進行 40%～

60%之回收。在循環標準最低要求應包括下列事項：

1. 主要設計必須考慮保護受雇工人。
2. 經濟許可下儘量將污染物排除。
3. 不僅以達到 PEL 的暴露標準要求而滿足。
4. 選擇空氣濾淨器或過濾設備必須保證和穩定的收集的污染物。
5. 為了預防系統使用期間的不足，須提供預備的換氣系統。
6. 值得注意地，決不允許回風系統明顯增加現有曝露程度。
7. 再循環交換氣體決不包含致癌物質。
8. 提供防止故障系統，循環部份設警告設備及備用系統。
9. 在監視、靜壓訊號、微粒計算器、及安培器等設備設置回饋系統。
10. 故障中不使用回風系統。
11. 訓練受雇者使用、操作系統。
12. 提供週期性的調查、測試和維修方案，包括每日的巡查、每週的清理和更換重要的零件、過濾器或感應器。

10-4　壓力控制空間之換氣系統

在許多作業環境中，因特殊目的而必須以不同壓力進行保護安全區(正壓)或隔離污染區(負壓)的設計，因此在一作業環境中有可能存在採用機械風機設備以達到不同壓力控制環境的區域，例如醫院的負壓隔離病房或手術式的正壓保護區等。此等環境就必須依據工作內容與目的藉由機械風機設備達到設計所需的正、負壓力值，如圖 10-8 所示

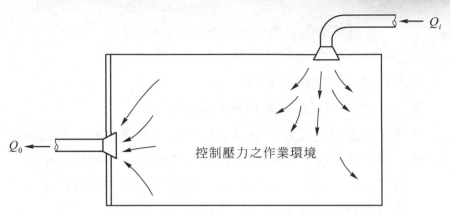

圖 10-8　以進／排氣量控制環境壓力

　　在圖 10-8 中所需要控制壓力之作業環境可經由設計的進風量 Q_i，與排氣量 Q_0 到達作業環境內所需要的維持壓力，當 $Q_i > Q_0$ 則作業環境內可維持正壓；反之，當 $Q_i < Q_0$ 則作業環境內為負壓。當然如果只是單純的控制室內壓力而不考慮空氣污染物之流經路線，則控制進氣量與排氣量就足夠了，但如果也同時必須考慮室內空氣污染物之流經路線則進風口與排氣口之相對位置就變成一個重要設計，例如負壓隔離病房。如果，進風口與排氣口相對位置設計不當，也有可能造成室內污染擴散，或有足夠的換氣量但污染物仍然停留在室內的狀況，當然我們希望污染物停留在室內的時間越短越好，此停留時間，我們可給予一專有名詞來形容之，即是"空氣年齡"。

　　空氣年齡越短表示空氣污染物停留在環境中的時間越少，也就是很快被換氣系統排出，也代表其換氣效率高，以下可用三種典型的風口配置型態來說明。

(1)　活塞型

　　　　所謂活塞型的換氣系統，其進風口與排氣口成直線方向兩端配置，氣流型態好比是活塞運動般從進氣口進氣後由排氣口完全排出，此種方式為最有效率之進／排氣口配置方法。其空氣交換效率可在 75%以上，以圖 10-9 所示。

(2) 混合型

當進氣口與排氣口不成直線兩端方式配置時皆為混合型風口配置，其空氣交換率大約在 50%左右，如圖 10-10、10-11 所示。

(3) 短路型

為最不理想之進／排氣口配置方式，因部分進氣氣流無法將室內所產生的汙染物帶走即被排除，此種換氣效率最差，大約在 25%左右，如圖 10-12 所示。

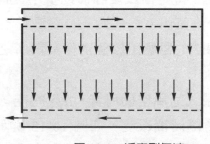

圖 10-9　活塞型氣流

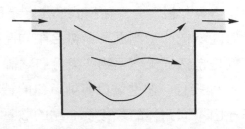

圖 10-10　混合型氣流

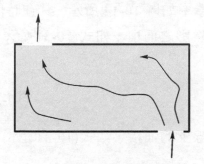

圖 10-11　混合型氣流

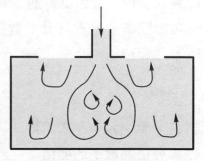

圖 10-12　短路型氣流

　　空氣年齡(Age of air)乃指流入室內空間的空氣經由開口部流出所需要的時間，由於室內空氣沈積於室內空間中的時間過長將導致其對人體健康有不良之影響，如何將存在於室內的空氣有效地以通風系統所供應的新鮮空氣予以取代，對於室內空氣品質(Indoor Air Quality)的掌握有其重要性，亦即需要對於空氣交換效率(Air exchange efficiency)的成效研擬有效的評估模式。

　　基本上，室內之空氣年齡可分為室內平均空氣年齡(Room mean age of air)與局部平均空氣年齡(Local mean age of air)兩種。室內平均空氣年齡是求取室內所有格點的空氣年齡平均值，以評估該空間通風換氣效率與換氣量之狀況。而對於室內空間中某一特定區域之評估則引用〝局部平均空氣年齡〞之評估模式，其定義為空氣由室內空間入口處飄移至待評估區域任一量測點 P 所需之平均時間，主要應用於個別作業場所之通風或是自然通風建築物空氣分布之評估上。

　　以只有一個進氣口與排氣口的機械式通風空間而言，引入的空氣分子經由不同路徑的飄移至 P 點的數量會隨時間改變，如圖 10-13 所示，而圖中所謂的駐留時間為空氣離開此一空間的年齡。當時間 $t=0$ 時，由進氣口進入室內空間中 P 點的空氣分佈機率如圖 10-14 所示，其在時間 t 與 $t+\delta t$ 之間到達 P 點的分子數為長條陰影之面積，如式(10-3)所示。長條陰影之面積：

$$A_P(t) \cdot \delta t \tag{10-3}$$

到達 P 點之總分子數為機率分佈曲線下的面積，如式(10-4)所示。機率分佈曲線下的面積：

$$\int_0^\infty A_p(t)dt \tag{10-4}$$

假如機率分佈以達到 P 點總分子數的型態來表示的話，則到達 P

點的總分子數會等於 1 或 100%，也就是機率分佈曲線下的面積
$= \int_0^\infty A_p(t)dt = 1$

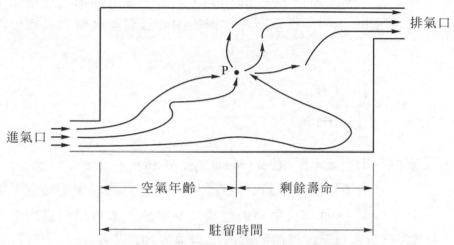

圖 10-13　機械式通風模式之空氣年齡與駐留時間的關係

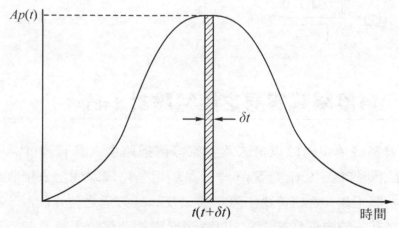

圖 10-14　空氣進入室內空間中 P 點得機率分佈曲線圖

1.　局部平均空氣年齡(Local mean age of air)

　　局部平均空氣年齡的基本定義為「空氣由入口處飄移至空間中的任一點 P 所需的平均時間」。位於 P 點的局部平均空氣年齡 τ_P 可由圖 10-10 機率分佈曲線的中心線對垂直軸加以積分而求得：

$$\tau_P = \frac{\int_0^\infty t \cdot A_p(t)\,dt}{\int_0^\infty A_p(t)\,dt} \tag{10-5}$$

2.　室內平均空氣年齡(Room mean age of air)

　　室內平均空氣年齡定義為「室內所有點的局部平均空氣年齡之平均值」。而本文應用的是濃度衰減法，故可以將室內平均空氣齡〈τ〉以示蹤氣體的室內平均濃度加以表示：

$$\langle\tau\rangle = \frac{\int_0^\infty t \cdot A_p(t)}{\int_0^\infty C_0}\,dt \tag{10-6}$$

10-5　負壓隔離病房之換氣設計【16】

　　在醫療院所中對於以飛沫及空氣等傳播路徑之具有高度風險的傳染疾病(如肺結核、SARS 等)，一般是利用負壓隔離病房來接收病患進行醫療相關工作，並期望藉由隔離區以及隔離病房之特殊設計，將污染源限制在某一特定區域範圍內，以達到保護相關醫療人員及避免造成大規模院內感染之目的。在民國九十二年以前，我國的負壓隔離病房大多數使用於接收患有肺結核病之病人，其性能要求僅止於負壓，但完整之負壓病房性能要求以及因應各必要性能要求所需之細部設計，卻較少被仔細並完整地研究與探討。自民國九十二年遭遇前所未見的新興傳染疾病「嚴重急性呼吸道症候群」(以下簡稱 SARS)威脅時，因舊有之隔離病房未能提供完善之隔離功能，以及感染控制或醫療操作方面疏失，使醫療院所也成為主要的感染環境，造成多位醫護人員在照護病患時不幸遭受感染而殉職。根據資料顯示，總病例數中約有 90%為院內感染，由此可知造成病例數暴增主要原因是以院內感染為主(行政院衛生署疾病管制局，2003)。所以各項醫院硬體設計除應滿足所需具備之醫療功能外，也必須降低醫護人員遭受感染之機會。

　　負壓隔離病房主要目的為避免攜帶病原體之生物氣膠經由門縫、空調系統管路或其他縫隙逸散至外界，以保障病房以外其它未受感染的醫療人員及病患，免於造成更嚴重的大規模院內感染。其設計主要是引用安全衛生領域將污染源(病原體)隔離之概念，避免病原體擴散。因此有關通風系統方面的技術性要求包括供排氣口位置、每小時換氣次數(Air change per hour, ACH)、供排氣風量差異以及負壓值等【1】【2】。根據相關研究指出，病毒在房內擴散後，房內氣流型態設計上以平行流對於污染物排除或控制的效果較好【3】。此外，也有研究指出排氣口設置於較低處，其效果比設於天花板較好【4】。綜合上述結果發現，通風系統供排氣口最佳配置應為供氣口略高於排氣口，而且呈直線配置以達到有利流場。因此在我國負壓隔離病房及美國疾病管制局對肺結核隔離病房設計指引中，建議負壓隔離病房內部通風配置基本設計應該是進氣口由病房門口上方供氣，排氣口設置於靠近病床附近進行排氣。關於進氣口高度則需稍高於排氣口，排氣口中心之高度亦稍高於病床的床面，而且進、排氣口應分別設於病房空間對邊或對角位置，使其成直線配置以達到有利流場【5】。而每小時換氣次數要求的目的，主要是引用工業通風中整體換氣之觀點，利用空氣的置換以達到排除病原體之目的，並具備傳統上從冷凍空調方面所考量，提供病房內新鮮空氣與符合病患舒適度需求。此外，進氣量的設定亦需搭配病房氣積的大小，才能符合每小時換氣次數之規定。目前依照我國負壓隔離病房設計指引之建議，在每小時換氣次數方面，病房內 ACH 至少需達 8～12 次以上【6】。此外，負壓值需求之著眼點在於避免具有感染性生物氣膠自病房內向病房外擴散，造成院內感染。為達此負壓目的則必須利用供氣量少於排氣量之操作，而排氣風量與供氣風量之差異是藉由病房外經門縫進入病房內之空氣氣流所提供，使病房內的空氣壓力必須維持低於週遭環境一定程度，以達到負壓的需求。而病房門寬方面要求至少需寬達 1.2 公尺以上，方便讓病床出入【7】。但是相關機構對於門縫高度卻未有建議規範，過大的門縫開口面積，將造成負壓值之實現困難【8】。

2003 年 SARS 疫情期間，圖 10-15 的氣流樣態設計常見於台灣地區各醫院的病房緊急改建案，性能雖非最優但仍為合理可用。單一進氣口、單一排氣口安排於病房斜對角位置，產生預期的氣流與兩個主要渦流區，但這兩個渦流區都不影響醫護人員作業。

而我國對於負壓隔離病房負壓值的要求方面，目前設定為病房內與週遭環境至少需維持 8Pa 之負壓值；如有前室設置，則需要達到病房對前室加上前室對走廊之負壓值總和達 8Pa 以上。此外，我國、美國建築技師協會與世界各國【9-14】對於負壓隔離病房壓差與每小時換氣次數亦有所規定，詳細規定整理如表 10-3 所示。

表 10-3　各國對於負壓隔離病房壓差與每小時換氣次數要求之比較

	台灣	美國 CDC(2005)	美國 AIA(2006)	英國	澳洲	加拿大	日本
負壓條件	病房相對於走廊至少達-8Pa	病房相對於走廊至少達-2.5Pa	病房相對於走廊至少達-2.5Pa	需維持負壓，且氣流由走廊流進病房	病房相對於走廊至少達-30Pa 病房相對於前室至少達-15Pa 前室相對於走廊至少達-15Pa	需維持負壓，且氣流由走廊流進病房	需維持負壓，且氣流由走廊流進病房
病房每小時換氣次數(ACH)	8～12 (浴室及前室至少 6)	既有病房：≧6 新建病房：≧12	≧12	6～12	≧12 或 145L/s (522m³/hr)	6～9	6～12
排氣量與供氣風量之差別	排氣量比供氣量多20%	排氣量比供氣量多 125cfm	N/A	排氣量比供氣量多10%或50cfm	N/A	排氣量比供氣量多10%或50cfm	N/A

註：N/A 表示未規定

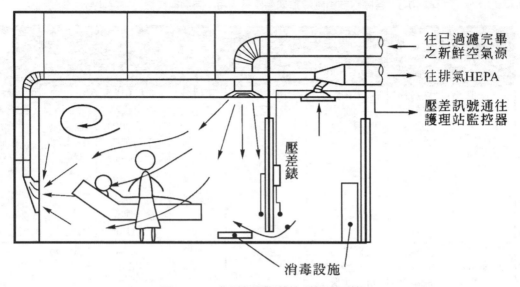

往已過濾完畢
之新鮮空氣源

往排氣HEPA

壓差訊號通往
護理站監控器

壓差錶

消毒設施

圖 10-15　典型負壓隔離病房氣流形態

■ 註 解

【1】 Saravia, S. A., Raynor, P. C. and Streifel, A. J. (2007). A performance assessment of airborne infection isolation rooms, American Journal of Infection Control. 35：324-331.

【2】 Walker, J. T., Hoffman, P., Bennett, A. M., Vos, M. C., Thomas, M. and Tomlinson, N. (2007). Hospital and community acquired infection and the built environment design and testing of infection control rooms, Journal of Hospital Infection. 65：43-49.

【3】 Kao, P.H. and Yang, R.J. (2006). Virus diffusion in isolation rooms, Journal of Hospital Infection. 62：338-345.

【4】 Cheong, K. W. D. and Phua, S.Y. (2006). Development of ventilation room of a hospital, Building Infection. 41：1161-1170.

【5】 Centers for Disease Control and Prevention (CDC). (2005). Guidelines for preventing transmission of mycobacterium tuberculosis in health-care settings. MMWR 54(RR-17)

【6】 行政院勞工委員會勞工安全衛生研究所，負壓隔離病房指引，2003。

【7】 Working Committee for Buildings/Engineering of Patient's Bedroom for Infectious Diseases. New guideline for planning/design of patient's bedroom for infectious disease (2003). Health Publications (Translation provided by Mr.Masamitu Ohtsu, Deputy Managing Director of Isotech Corporation,Japan).

【8】 Tang, J.W., Eames, I. (2005) Door-opening motion can potentially lead to a transient breakdown in negative-pressure isolation conditions： the importance of vorticity and buoyancy airflows. Journal of Hospital Infection 61：283-286

【9】 American Institute of Architects (AIA). (2006).Guidelines for the Construction of Hospitals and Health Care Facilities.

【10】 American Institute of Architects (AIA). (1996). Guidelines for Design and Construction of Hospitals and Health Care Facilities.

【11】 Centers for Disease Control and Prevention (CDC). (2003). Guidelines for environmental infection control in health-care facilities. MMWR 52(RR-10).

【12】 Centers for Disease Control and Prevention (CDC). (1994). Guidelines for preventing transmission of mycobacterium tuberculosis in health-care facilities. MMWR 43(RR-13)

【13】 Public Health Agency of Canada (1990). Routine Practice and Additional Precautions for Preventing the Transmission of Infection in Health-Care.

【14】 Queensland Health, Australia. Capital works, Building and refurbishment： Infection control guidelines, September,2002.

【15】 行政院衛生署疾病管制局，嚴重急性呼吸道症候群(SARS)資訊網 http：//www.cdc.gov.tw/sars/，2003。

【16】 行政院勞工委員會勞工安全衛生研究所研究報告-負壓隔離病房微粒擴散模式及設計參數改良研究，2009。

11

系統測定檢驗與

維修管理

對每一個工業通風系統，測定系統之通風效率是驗收必須的程序。測定的目的包括：

1. 決定通風系統的效果(排放物質、微粒傳輸、員工保護、效率、空氣清淨機)。

2. 制訂機械開始啓動的底限條件。

3. 檢驗系統在有效運作期間的情況。

此章節同時提供一個基礎測量的概念。基本測定裝置的簡介如下：

1. 煙管、發煙彈。

2. 調速儀、風速計。

   (1) 擺動式葉輪。

   (2) 旋轉式葉輪。

   (3) 熱感式/熱線式風速計。

   (4) 輻射熱測定器。

3. 壓力檢測裝置：

   (1) U 型管壓力計、傾斜液體壓力計、電子壓力計。

   (2) 皮托管。

   (3) 擺動式葉輪。

   (4) 熱感式風速計(熱感和擺動儀可間接測量靜壓)。

   (5) 風箱。

   (6) 電子壓力計。

4. 伏特計和安培計(它是最好讓電工實際的測量電壓和電流強度)。

5. 噪音和振動檢驗設備。

6. 用捲尺測量和距離測量方法。

7. 其它：抹布、手電筒、鑽機、小鑽頭、鏡子、轉速計、導管膠帶等等…。

一個好用工具箱應包括下列項目：

運送東西的吊帶、煙管工具、調速儀、皮托管、彈性管、電子壓力計、隨身攜帶鑽機、小鑽頭、手電筒、新月形扳手、一對鉗子、打孔器、鏡子、一卷導管膠帶、捲尺、聲音位準測量儀、鉛筆、做記號的黑筆、測定的表格、做筆記用的便條紙。

11-1　一般測量法

1. 外型尺寸量測

    典型的測量法如下：

    　　導管直徑或導管周長的測量都是計算管面積的有效方法，其中導管內徑是最重要的測量方法，而管件外徑的測量通常需要考慮金屬厚度等問題，管件測量的方法通常有其困難處，測量管徑的捲尺通常不能很完全的貼在管外壁，通常管線都是圓形的，在測量管徑時通常都有一定程度的誤差，例如：管子的外部是 20.1 吋，實際上管徑可能是 20 吋。

    　　管子長度可以從設計圖、說明書……等推估而來。其長度可以以捲尺或光學儀器直接測量而得。實際上這長度包含了肘管及 T 型部份。風管曲率半徑大部份是以捲尺仔細測量，最常見測量曲率半徑的方法是以剖面寬度或是直徑求出曲率中心(如圖 11-1 所示)。

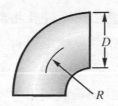

圖 11-1　風管曲率半徑示意圖

2. 金屬規格

　　一般標準鋼是以密度 490 lbs/ft³ 爲基礎，鍍鋅的金屬一般比非鍍鋅金屬較輕且較薄。工業通風系統管件的材質通常爲金屬，通常選用標準尺寸 12～20 型號的範圍。表 11-1 爲典型的標準風管尺寸與管厚間之關係。

表 11-1　風管標準尺寸及厚度關係

標準尺寸(in)	鍍鋅材質尺寸金屬厚度(in)
3	0.24
6	0.2
9	0.15
12	11
14	0.78
16	0.64
18	0.51
20	0.4
22	0.34
24	0.028

3. 吸入和氣罩口面速度

　　氣罩的外側及氣罩口面速度的量測可用速度計或煙霧產生器。圖 11-2 爲大部份用來估計氣罩流面速度的平均值的一般測量取樣方法。這些測量法以流量計和風速計最合適，有時流量計需要有速度修正條件代替不標準條件。設備廠商所附手冊，通常有密度修正因子(d)，不過以修正因子修正風速並不是每一次量測皆需要。氣罩口面速度測量法如下：

(1) 以記號隔開想像中的面積。

(2) 測量每一個面積中心的速度。

(3)　將每個中心速度加以平均。

圖 11-2　氣罩面風速量測

　　表 11-2 顯示了在測量氣罩流量的基本方式，本記錄表為氣罩測量記錄。在這個例子，我們速度的測量為非穩態的，所以以廠商所提供的速度修正因子進行修正。

4.　煙的使用

　　煙非常方便且好用，因為它是可用眼睛即可看到。管理人或者員工可以快速的知道煙霧在離開氣罩時的漂移狀態及形狀或被微風吹動時的移動型態。由煙霧移動可概略推算出氣流表面速度。將煙霧自容器中使其快速噴出，當煙霧達到 2 英呎所需的時間可算出它的速度(英呎/每分鐘)。例如，假設達到 2 英呎需要 2 秒鐘，則速度為 60 英呎/每分(如圖 11-3 所示)。

2 英呎

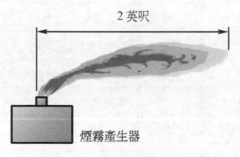

煙霧產生器

圖 11-3　以煙流計算氣流速度

表 11-2　氣罩流量記錄表

日期　<u>3-13</u>　　　　　　時間：<u>8：00 am</u>

溫度　<u>26℃</u>　　　　　　大氣壓力點：<u>25.9 in Hg</u>

風速修正因子 <u>1.15</u>　　　測量地點：<u>通風實驗室</u>

風管截面示意圖

1	2	3	4	5	6
7	8	9	10	11	12
13	14	15	16	17	18
19	20	21	22	23	24

NO.	速度	NO.	速度	NO.	速度
1	110	11	100	21	100
2	105	12	95	22	95
3	110	13	100	23	80
4	110	14	100	24	45
5	115	15	105		
6	110	16	100		
7	100	17	100		
8	105	18	105		
9	100	19	95		
10	110	20	90		

平均速度=<u>99fpm ×1.15=114 ft/min</u>

氣罩表面積=3×5=15 ft^2

體積流率=$Q=VA$=114×15=1714 ft^3/min

5. 氣罩的靜壓，SPH

氣罩的靜壓測量位置，大約是自氣罩起始點的平直風管的下游 2～6 倍風管直徑的地方。可使用皮托管測量氣罩靜壓或者從在風管表面的壓力板取得靜壓值(如圖 11-4 所示)。

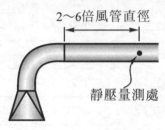

圖 11-4　氣罩之靜壓量測圖

6. 風管速度的測量

空氣流在工業通風的風管中幾乎都是紊流，且在風管表面有小邊界層，一般的風速剖面圖皆是以圓形風管表示。

速度的變化與風管口的距離有關，只以單一次測量結果顯示不夠充分，然而假如測量的是一長直風管，量測位置位於方向改變或障礙物下游約 6 倍直徑距離或上游 3 倍直徑距離，所量測速度可假設為中心速度的 9/10 倍。(平均速度壓為中心速度壓的 81%)。使用皮托管可測得比較精確的風管速度，皮托管可於風管垂直或水平方向風管截面分測 6 或 10 個速度壓後再將速度壓換算成風速後再求取風管內風速之平均值。

表 11-3 是一個橫切鐵皮風管型式的速度量測表範本。以直徑 12″ 導管舉例說明。注意最後平均速度是必須由密度校正因子("d")來校正。

表 11-3　鐵皮風管之皮托管速度量測範例

NO	垂直		水平		附註
	P_V(英吋水柱)	速度(fpm)	P_V(英吋水柱)	速度(fpm)	
1	0.3	2194	0.40	2533	$Ce=\sqrt{P_v/P_s}$
2	0.65	3229	0.60	3102	$=\sqrt{0.63/0.90}$
3	0.70	3351	0.71	3374	$=0.84$
4	0.72	3398	0.75	3468	P_S：0.9w.g.
5	0.75	3468	0.75	3468	(風管靜壓)
6	0.73	3421	0.74	3445	$V=4.04(\frac{P_v}{d})^{0.5}$
7	0.71	3374	0.72	3398	
8	0.62	3153	0.65	3229	d：密度修正因子
9	0.65	3229	0.60	3102	(1.04)
10	0.40	2533	0.35	2369	

平均速度壓=0.63″ wg.

平均速度=3142$(1/d)^{1/2}$=3258 ft/min

體積流率=Q=VA=2558 ft^3/min

11-2　維修與管理

　　所有的通風系統幾乎都難免發生錯誤，但又常因為無法正確找出問題所在，而無法提供適當的解決之道。以下將常見之問題彙整且指出可能發生之原因。

1. 不良情況：減低抽氣速度，及過多不固定的逸散。

　　　可能發生原因：起因可能是流率減小(除非經過製程自動改變)。

　　　下列情況會導致流率減小：

(1) 塞住導管或使導管凹陷。

(2) 減慢風扇運轉。

(3) 開啓空氣流通的通道。

(4) 導管或肘管破洞。

(5) 關閉分支流的閘，或開啓其他分支流的閘。

(6) 反向運轉風扇(於鉛線反轉可造成馬達或風扇反向轉動)。

(7) 風扇葉片磨損。

(8) 在主要系統上另加支流或覆蓋。

(9) 空氣淨化器阻塞。

2. 不良情況：員工過度暴露，但流量、抽氣速度均在一般水準。

　　　可能發生的原因：因工作習慣不正確、通風系統妨礙工作或生產率，以致工人避免使用此系統、員工不合作、訓練不適當、最初設計拙劣等。

3. 不良情況：導管經常阻塞。

　　　可能發生原因：當運輸速度不足，或管內有潮濕微粒，造成物質形成時，就會引起導管阻塞。拙劣的設計，開啓通風口並關閉風扇、風扇問題、或任何其它列在 1.中的問題也會造成導管阻塞。

4. 不良情況：員工抱怨、系統誤用、系統擱置不用，或員工變更系統。

　　　可能發生的原因：覆蓋物可能干擾工作、甚至使控制污染物的效率降低。

11-2-1　操作與維修

你應該主動關心通風系統的操作與維修(O&M)。一個好的操作與維修計劃將有助於：

1.　維護系統之有效性。
2.　持續保護員工以及遵守地方與國家標準。
3.　協助維持系統價值。

令人吃驚的是，有時只在數週或數月內，就可看到價值數十萬元的系統開始出現問題。完整的作業與維修計劃的要素包括：

1.　能夠在紙上找到它，直到計劃被寫下來時計劃才算存在。
2.　設置一個安全的場所可以將圖形、規格、風扇曲線、作業操作指南與其他在設計、建造與測試時產生的文件歸檔起來。
3.　設置一個定期檢驗的計劃，比如：

(1)　每日：風罩、通風管、通道與濾清器出風口的目視檢驗，氣流出口位置，風罩靜壓，通過空氣濾清器的壓力減少，以及跟其他人的口頭交談(例如系統今天運轉如何？)。

(2)　每週：空氣濾清能力，風扇外罩，滑輪傳動帶，排氣管。

(3)　每月：空氣濾清零件。

(4)　每年：設備檢驗。

檢驗的形式與頻率取決於作業與其他因子。檢驗者可以是工作人員、維修人員、領班甚至是專業人員。一完整的查檢表可以讓經過訓練與有經驗的合格的人來使用去檢查通風系統。

查檢表是一個方便的提示，但不是告訴你如何去檢查。例如，在風管下你將注意那標題"風管內的沈積物"，這是一個去確認風管沈積物的方法。持掃柄並輕敲所有水平風管的下側(最好站後面，風管掛鉤不是設計去支持充滿微粒物質的風管)。假如敲的聽起來像薄片金屬,那麼就是乾淨的。假如敲擊產生沈重的、發出砰的聲音－沒有薄片金屬的振動,那就是風管中灰塵的沈澱或結塊。

4. 設置一個預防的維護計畫。任何系統的特定元件應該被檢查與在損壞時更換,或是依定期的時間表更換;例如,過濾器的袋子,風扇葉片,彎管。

5. 提供工作者訓練。告訴他們如何安全地工作與如何對通風系統做最佳的利用。例如,焊接風罩無法發揮效率,假如焊接工沒有移動風罩靠近污染源。

6. 持續書寫所有跟系統有關活動的紀錄。你也許被調任或晉升,下一個人或一個請來幫忙的顧問,將會想知道系統的歷史。

7. 檢查工具。美國 ACGIH 有 60 頁稽查文獻可有效地用於工業通風系統,ACGIH 檢點表清楚地闡述超過 300 個不同項目,其中包括方法/檢查/保養/評價。

11-3　簡要設計原則

當設計及評估工業通風系統時,設計者及使用者通常需要在短時間內瞭解問題全貌而提出方案。本節提供各種簡單且重要的設計原則,關於放射源之捕集、氣罩、通風管速度、室內空氣品質、風扇及煙囪給大家參考。

1. 捕集速度

圖 11-5 表示單一凸緣氣罩之捕集速度(V_c)及風管速度(V_d)的相對關係。例如,假設一污染源距離氣罩前-通風管直徑位置處。如果通風管速度(V_d)為 3000ft/min,則預期之捕集速度(V_c)為 300ft/min。

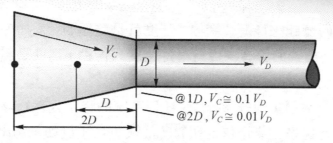

圖 11-5　單一凸緣氣罩之捕集速度與風管直徑關係圖

2. 氣罩捕集距離

　　圖 11-6 表示單一氣罩捕集距離。例如，如果通風管直徑爲 6 英吋，污染源零點之最大距離不應該超過 9 英吋。同樣的，最小之捕集速度應該爲 50 ft/min(零點之污染源速度應該慢於沉降速度)。

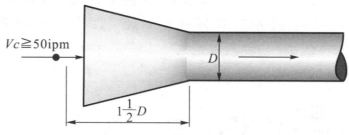

圖 11-6　單一氣罩之有效捕集距離

3. 凸緣寬

　　圖 11-7 表示單一方法決定適當捕集氣罩之凸緣寬(w)，此寬度正好夠大可以阻止氣罩之後的空氣流，這是常用的設計，因爲在氣罩之後的空氣流動對污染空氣捕集不是幫助很大。

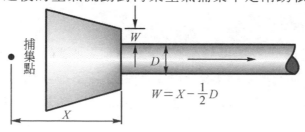

圖 11-7　捕集點位置示意圖

4. 縮口

　　圖 11-8 顯示空氣從氣罩進入通風管之後的位置，這是非常重要的，我們盡量避免於接近縮口時進行測量，最大縮口發生於通風管內部於 1/2 通風管直徑處，縮口之恢復大約在 2 倍通風管直徑處，當測量通風管之靜壓時，於縮口下游數倍通風管直徑處進行較佳。

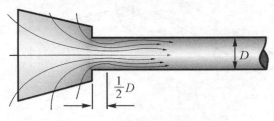

圖 11-8　縮口處之靜壓變化圖

5. 平均速度

　　圖 11-9 顯示於一長且筆直通風管之流體狀況，平均風管速度相當於中心線速度之 90%，平均風管速度之壓力相當於中心線速度壓力之 81%。以上之數值可以於只有單一測量時換算得平均速度。

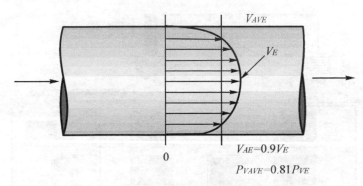

圖 11-9　風管內平均風速值

6. 系統效應

圖 11-10 顯示通風管之設計可避免風機所產生的系統損失。稱之為「六進三出方法」於筆直通風管中風扇入口提供約六個通風管直徑長，於風扇出口約三個通風管直徑長。

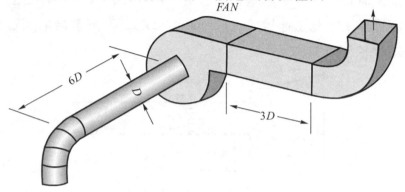

圖 11-10　減少風機損失之風管長度設計圖

7. 10-50-3000 法則

圖 11-11 顯示煙囪高度較典型的值，法則上說：煙囪的高度應該比相連的屋頂分界線至少高 10 英呎且煙囪離空氣入口處 50 英呎，舉例來說，設置在距離空氣進口處 50 英呎的煙囪應該至少高於空氣入口處 10 英呎，排氣流速應該大約是 3000(fpm)。

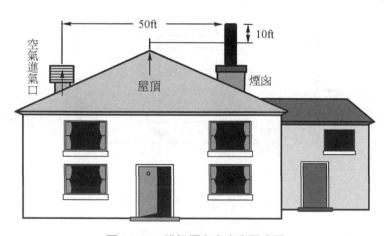

圖 11-11　排氣煙囪之高度要求圖

　　表 11-4 提供有關在工業通風中使用典型空氣流速的資料，舉例說，假如你正站在氣罩旁，你可以感覺到空氣在你手中流動，而流速 V 可能在 100(fpm)或更高。

表 11-4　作業環境中之空氣流速表

速度			位置
英哩每小時 (mph)	公尺每秒 (m/s)	英呎每分 (fpm)	
0.03	0.01	3	較重且可被吸入粒子沉降速度
0.5	0.2	40	在工業環境中任意的氣流
0.6	0.25	50	在逸散源中最小捕捉速度
1.1	0.5	100	實驗室燻煙氣罩面流速
1.1	0.5	100	乾燥皮膚開始感覺到之氣流(因為在皮膚上的壓力、水分會增加敏感度)
3	1.5	300	典型的渦流隨著人迅速走過後而停留
8	3.5	700	空氣長時間吹在人身上的最大流速，例如：八小時
8	3.5	700	平均流速
20	9	1800	空氣吹在人身上 30 分鐘的最大流速，例如：散熱 (冷卻)
23	10	2000	風管流速不能使粒子傳動
34	15	3000	煙囪出口流速
40	18	3500	短時間吹在人身上之最大空氣流速
45	20	4000	普通工業風管傳送的風管流速
57	25	5000	重工業風管傳送的風管流速

　　下兩個表提供典型換氣率和外界新鮮空氣在建築物的供應率，舉例來說，如果你希望維持辦公室二氧化碳濃度在 1000(ppm)以下，則以 15～20 立方英呎每分鐘每人的實際流率去供應新鮮外界空氣，(二氧化碳時常使用作為室內空氣品質的指標：340(ppm)是自然的背景濃度且相當於新鮮外界空氣，1000(ppm)是一個被認同可接受的室內空氣品質上限)。

表 11-5　典型換氣率要求說明表

換氣率每小時	位置
1～2	自然交換因為風、溫度不同(門和窗戶是關的)
6	燃燒的儲存室
6～20	典型辦公室、實驗室、高科技工作
30～90	大型開放的工業操作(鑄造業、商店、重工業)，主要因為建築物的風和熱源

表 11-6　典型室內新鮮空氣要求說明表

外界空氣每人 (acfm/person)	位置
5	保持二氧化碳在辦公室內的最小需要量在 2500ppm 以下
15	保持二氧化碳最小需要量在 1000ppm 以下，假設完全混合，人都坐著工作
20	典型辦公室，二氧化碳濃度與適當的混合有相當的關係
30	典型實驗室
60	典型吸煙區

　　上述經驗法非常有用,雖然它們有使用限制,但全都有完整邏輯的
理論基礎,相信可藉由上述簡單且有用的法則,對現場通風設計提供非
常大的幫助以避免錯誤發生。

附錄 A　一般常用溶劑、氣體及蒸氣性質表

(摘錄自 Industrial Ventilation, by D.Jeff Burton)

常用溶劑、氣體及蒸氣性質表

溶劑/蒸氣	分子量	比重(SG)	暴露上限		TLV
	MW	(re：water)	LEL%	UEL	(ppm)
乙醛(Acetaldehyde)	44.1	0.821	4.0	57	25
醋酸(Acetic Acid)	60	1.049	na	na	10
苯(Benzene)	78.1	0.879	1.4	7.1	0.1
甲酚(Cresol)	108.1	1.05	1.4	na	5
酒精(Ethyl Alcohol)	46.1	0.789	3.3	18.9	1000
氯化乙醇(Ethylene Glycol)	62.1	1.12	3.2	na	50
汽油(Gasoline)	86	0.66	1.1	6.7	300
煤油(Kerosene)	180	0.80	0.7	5	na
甲醇(Methanol)	32	0.792	6.7	36.5	200
甲苯(Toluene)	92.1	0.866	1.3	6.7	50
三氯乙烯(Trichloroethylene)	131.4	1.466	na	na	50
二甲苯(Xylene)	106.2	0.881	1.0	6.0	100
空氣(Air)	29	1.0	na	na	na
丁烷(Butane)	58.1	2.085	1.9	8.4	800
二氧化碳(Carbon Dioxide)	44	1.53	na	na	5000

常用溶劑、氣體及蒸氣性質表(續)

溶劑/蒸氣	分子量	比重(SG)	暴露上限		TLV
	MW	(re：water)	LEL%	UEL	(ppm)
一氧化碳(Carbon Monoxide)	28.1	0.968	12.5	74.2	25
氯(Chlorine)	70.9	3.21	na	na	0.5
甲醛(Formaldehyde)	30	1.08	na	na	0.3
氯化氫(Hydrogen Chloride)	36.5	1.27	na	na	5
硫化氫(Hydrogen Sulfide)	34.1	1.19	4.3	45.5	10
二氧化氮(Nitrogen Dioxide)	46.0	1.448	na	na	3
臭氧(Ozone)	48	1.658	na	na	0.05
二氧化硫(Sulfur Dioxide)	64.1	2.264	na	na	2

TLV：ACGIH 規定之空氣污染上限

附錄 B　各種氣罩壓力、損力係數及風量表

(摘碌自 Industrial Ventilation, by D.Jeff Burton)

各種氣罩壓力損失係數及風量表

氣罩型式	圖示	K	Ce	搬運速度 Vtrans	Q
圓形氣罩	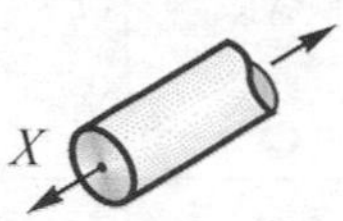	0.93	0.72	AR	$4\pi X^2 V_C$ or $(10X^2 + A_f)V_C$
方形氣罩		1.25	0.67	AR	$4\pi X^2 V_C$ or $(10X^2 + A_f)V_C$
圓形凸緣氣罩		0.50	0.82	AR	$3\pi X^2 V_C$ or $0.75(10X^2 + A_f)V_C$
方形凸緣氣罩	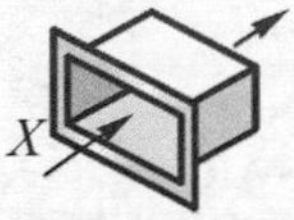	0.70	0.77	AR	$3\pi X^2 V_C$ or $0.75(10X^2 + A_f)V_C$
長槽形氣罩	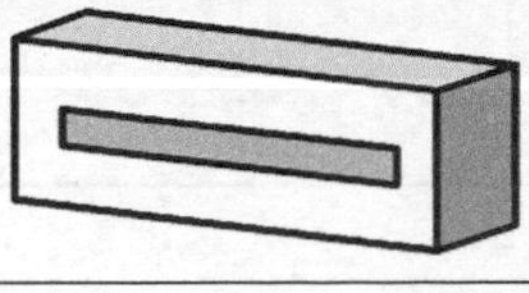	1.78	0.60	AR	特殊規定

各種氣罩壓力損失係數及風量表(續)

氣罩型式	圖示	K	Ce	搬運速度 Vtrans	Q
縮口型氣罩	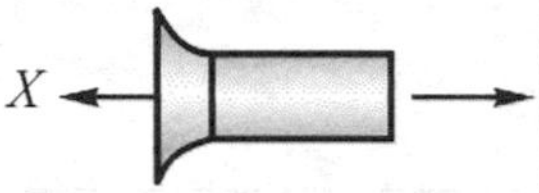 $X \longleftrightarrow$	0.04	0.98	AR	$3\pi X^2 V_C$ or $0.75(10X^2 + A_f)V_C$
穿牆型氣罩	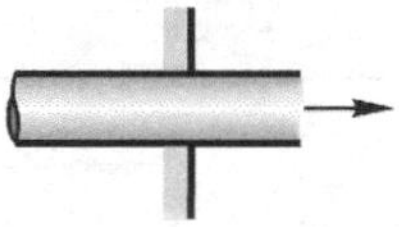	0.80	0.75	AR	$3\pi X^2 V_C$ or $0.75(10X^2 + A_f)V_C$
尾端開口型氣罩	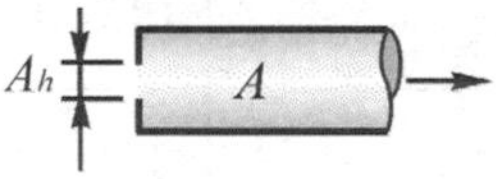 A_h/A_f			AR	$4\pi X^2 V_C$ or $(10X^2 + A_f)V_C$
	0.1	2.5	0.53		
	0.2	1.9	0.59		
	0.3	1.4	0.65		
	0.4	1.2	0.67		
	0.5	1.0	0.71		
	0.6	0.9	0.72		
柵式圓管	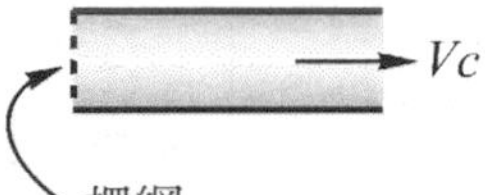 開口面積比例			AR	$4\pi X^2 V_C$ or $(10X^2 + A_f)V_C$
	50%	5.0	0.41		
	60%	3.2	0.49		
	70%	2.3	0.55		
	80%	1.8	0.60		

各種氣罩壓力損失係數及風量表(續)

氣罩型式	圖示	K	Ce	搬運速度 Vtrans	Q
崗亭式氣罩 (STO)	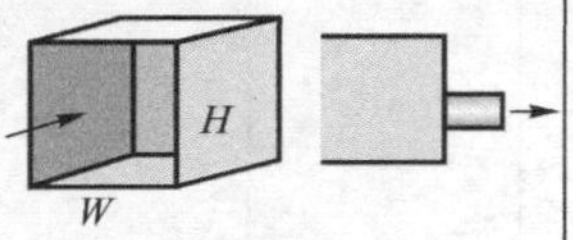	0.5	0.82	AR	$V_f A_f$
崗亭式氣罩 (STO)	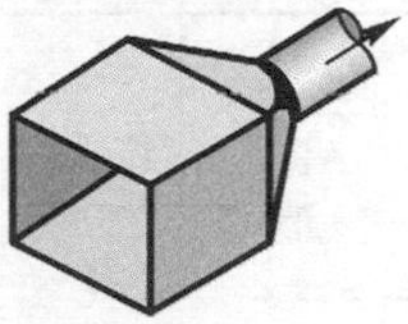	0.25	0.89	AR	$V_f A_f$
外裝式氣罩	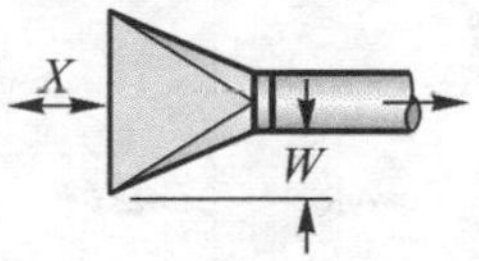 斜角 Included angle 30° 45° 60° 90° 120°	Rd　Sq .08　.17 .06　.15 .08　.17 .15　.25* .26　.35	Rd　Sq .08　.17 .06　.15 .08　.17 .15　.25* .26　.35	AR	$3\pi X^2 V_C$ or $0.75(10X^2 + A_f)V_C$
罩蓋式氣罩	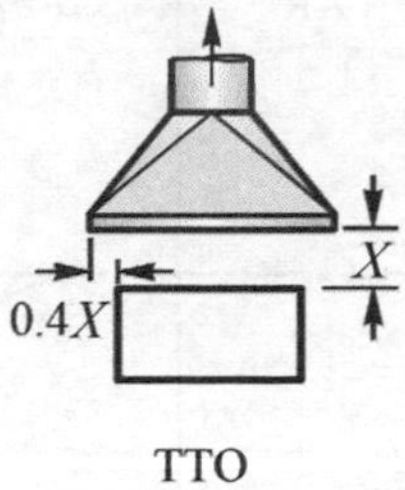 TTO	0.25	0.89	AR	$1.4PXV_{control}$

各種氣罩壓力損失係數及風量表(續)

氣罩型式	圖示	K	Ce	搬運速度 Vtrans	Q
罩蓋式 (崁入)	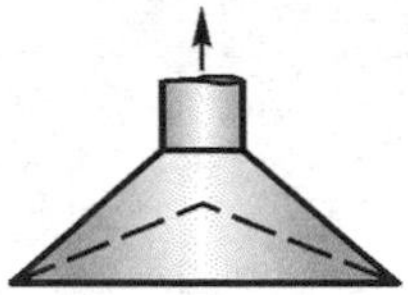 TTO	0.25	0.89	AR	$1.4PXV_{control}$
彎管式氣罩	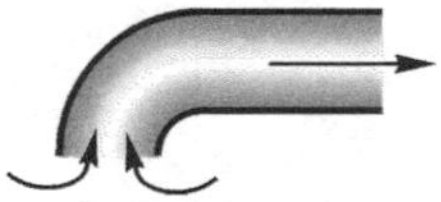	1.6	0.62	AR	特殊規定
槽溝式氣罩	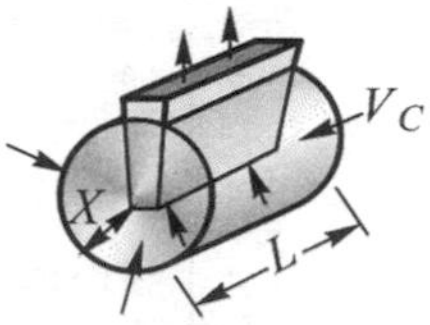 STO TTO	Slot duct 1.78 0.50 1.78 0.25	NC	AR	$3\pi XLV_C$
槽溝 (凸緣)	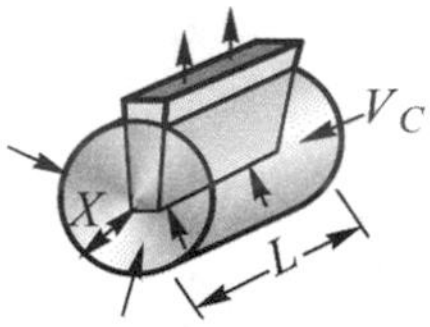 STO TTO	Slot duct 1.78 0.50 1.78 0.25	NC	AR	$2\pi XLV_C$
	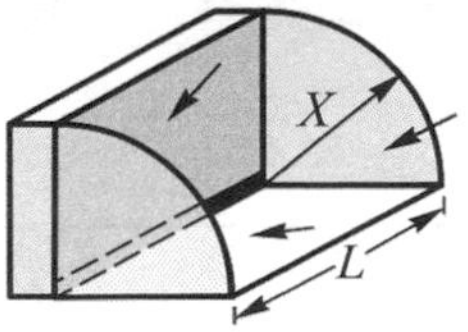 STO TTO	Slot duct 1.78 0.50 1.78 0.25	NC	AR	$0.5\pi XLV_C$

各種氣罩壓力損失係數及風量表(續)

氣罩型式	圖示	K	Ce	搬運速度 Vtrans	Q
低速磨床氣罩	STO TTO	0.65	0.78	4500fpm	$35W_d - 50$ (cfm)
		0.40	0.85	23mps	$0.0066W_d - 0.023$ (cms)
高速磨床氣罩	STO TTO	0.65	0.78	4500fpm	$50W_d - 50$ (cfm)
		0.40	0.85	23mps	$0.0093W_d - 0.023$ (cms)
標準磨床氣罩	STO TTO	0.65	0.78	3500fpm	$35W_d - 50$ (cfm)
		0.40	0.85	18mps	$0.0066W_d - 0.023$ (cms)
	STO TTO	0.50	0.82	3500fpm	$250A_0$ (cfm)
		0.25	0.89	18mps	$1.26A_0$ (cms)
金屬磨床氣罩	STO TTO	0.65	0.78	3500fpm	$50W_b + 100$ (cfm)
		0.40	0.85	18mps	$0.0093W_b + 0.047$ (cms)

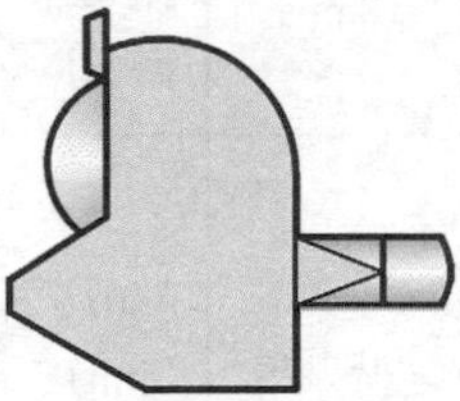

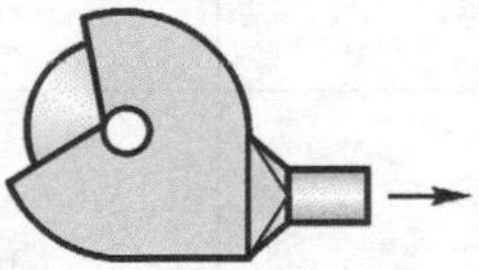

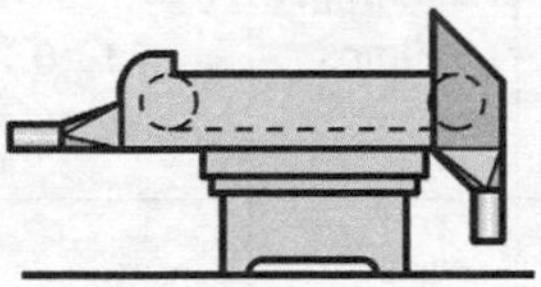

各種氣罩壓力損失係數及風量表(續)

氣罩型式	圖示	K	Ce	搬運速度 Vtrans	Q
手工磨床氣罩	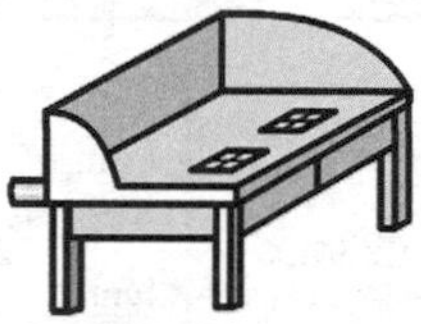	0.50	0.82	3500fpm 18mps	$250A_0$ (cfm) $1.26A_0$ (cms)
熔接式氣罩	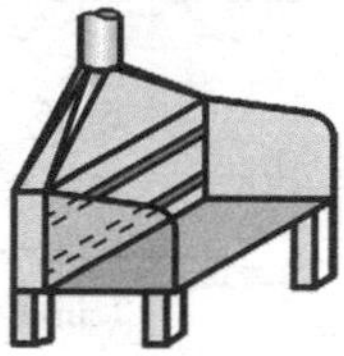 STO TTO	Slot duct 1.78 1.78	NC	3000fpm 18mps	$350L_t$ (cfm) $0.54L_t$ (cms)
熔接式氣罩(凸緣)	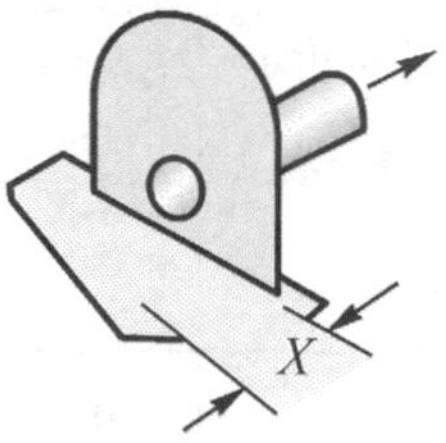 STO	0.50	0.82	3000fpm 23mps	$140X - 400$ (cfm) $2.6X - 0.19$ (cms)
金屬切割式氣罩	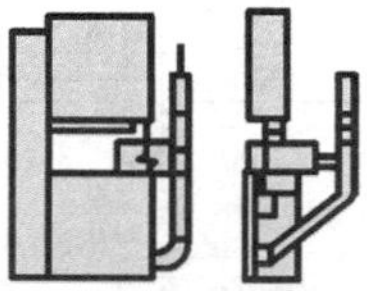	1.75	0.60	4000fpm 20mps	$250A_0 + 350$ (cfm) $1.26A + 0.17$ (cms)
熔爐式氣罩	 TTO	0.25	0.89	3500fpm 18mps	$250A_0$ (cfm) $1.26A_0$ (cms)

各種氣罩壓力損失係數及風量表(續)

氣罩型式	圖示	K	Ce	搬運速度 Vtrans	Q
實驗櫃氣罩	 STO	0.50	0.82	AR	$100A_0$ (cfm) $0.5A_0$ (cms)
實驗櫃氣罩	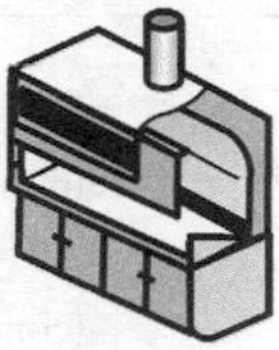 STO TTO * → or	Slot　duct 1.78　0.50 1.78　0.25 ------ -　2.0	NC ------ 0.58	2000fpm 10mps	$80A$ to $120A_0$ (cfm) $0.4A$ to $0.6A_0$ (cms)
熱浸式氣罩	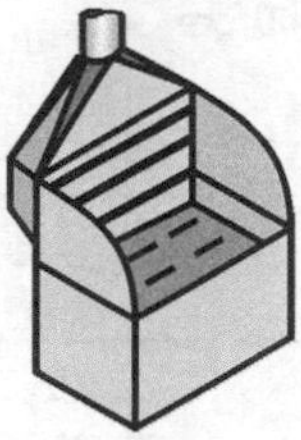 STO TTO	Slot　duct 1.78　0.50 1.78　0.25	NC	2000fpm 10mps	$125A_S$ (cfm) $0.63A_S$ (cms)
小型噴漬崗亭氣罩		0.50-1.0	0.71-0.82	3000fpm 15mps	$100A$ (cfm) $0.5A$ (cms)

各種氣罩壓力損失係數及風量表(續)

氣罩型式	圖示	K	Ce	搬運速度 Vtrans	Q
木工氣罩	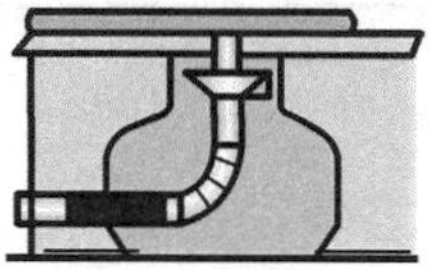 STO TTO	0.5	NC	3500fpm 23mps	$25Y_K + 200$ (cfm) $0.0044Y_K + 0.094$ (cms)
水磨平床氣罩	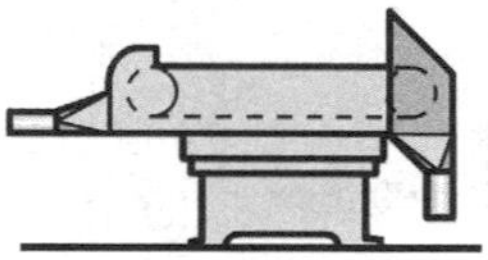 STO	1.75	0.82	3500fpm 18mps	$80Y_b + 400$ (cfm) $0.014Y_b + 0.19$ (cms)
單鼓磨床氣罩	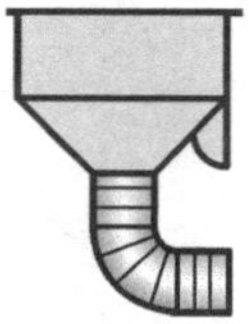 STO TTO	Slot duct 1.78 0.50 1.78 0.25	NC	3500fpm 23mps	$85A_d + 400$ (cfm) $0.44A_d + 0.19$ (cms)
木切機氣罩	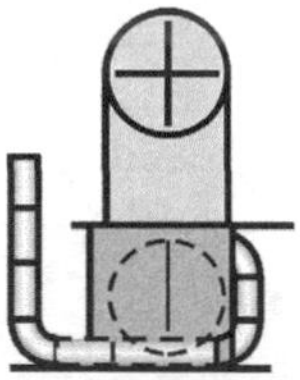	1.75	0.60	3500fpm 18mps	$250Y_b + 300$ (cfm) $0.045Y_b + 0.14$ (cms)
桌型木切機氣罩	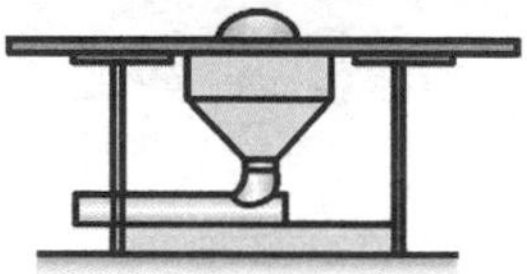 STO TTO	Slot duct 1.78 0.50 1.78 0.25	NC	3500fpm 23mps	$10Y_b + 200$ (cfm) $0.0018Y_b + 0.094$ (cms)

各種氣罩壓力損失係數及風量表(續)

氣罩型式	圖示	K	Ce	搬運速度 Vtrans	Q
木磨氣床罩	 STO	0.5	0.82	3500fpm 18mps	$300A$ (cfm) $1.5A$ (cms)
裝桶式氣罩	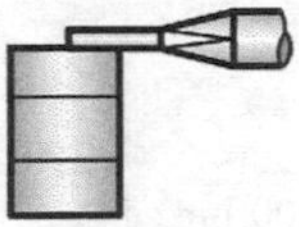 STO TTO	Slot　duct 1.78　　0.50 1.78　　0.25	NC	3000fpm 23mps	$150A_b$ (cfm) $0.75A_b$ (cms)
裝袋式氣罩	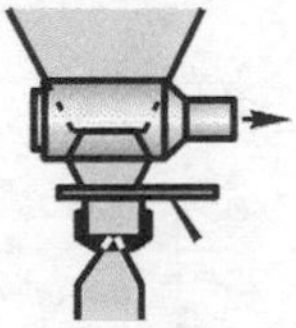 TTO	0.25	0.89	3500fpm 23mps	Toxic dust： 1500cfm/0.7cms Nontoxic dust： 500cfm/0.24cms
裝桶式氣罩	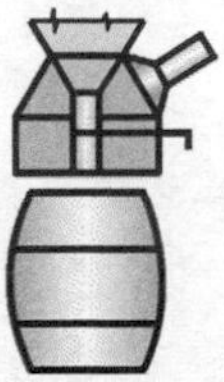 TTO	0.25	0.89	3500fpm 18mps	400(cfm) 0.19(cms)
裝桶式氣罩	 TTO	0.25	0.89	3500fpm 18mps	$12Y_d$ (cfm) $0.0022Y_d$ (cms)

各種氣罩壓力損失係數及風量表(續)

氣罩型式	圖示	K	Ce	搬運速度 Vtrans	Q
裝桶 (全封) 氣罩	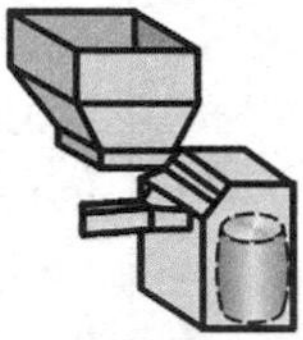 TTO	0.25	0.89	3500fpm 18mps	$150A_0$ (cfm) $0.75A_0$ (cms)
裝袋式氣罩	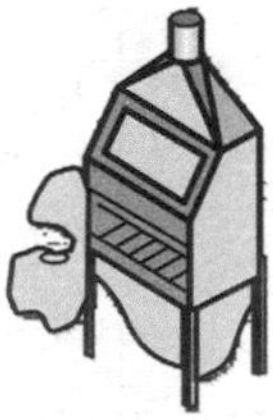 TTO	0.25	0.89	3500fpm 18mps	$250A_0$ (cfm) $1.25A_0$ (cms)

符號說明：AR=搬運速度視需求而定

X=捕集距離

Vc=捕集距離，X處之捕集速度

Af=氣罩開口面積

W=X−0.5D

D=風管直徑

NC=如果沒有槽溝速度則無法決定

L=槽溝長度

P=污染源週界長度

附錄 C　各種氣罩型式及控制風速表

(摘錄自工業通風設計講習基本教材，
中華民國工業安全衛生協會印行)

各種氣罩型式及控制風速表

作業別	氣罩型式	控制風速（m/s）	測定位置
1.　噴砂			
噴砂室	EE	0.3～0.5	開口部
旋轉台	BB	1.0	開口部
櫃形噴砂櫃	EX，EE	2.5	開口部
2.　裝袋			
紙袋	BD，BB	0.5	開口面
布袋	BD，BB	1.0	開口面
粉碎、裝砂	OR	2.0	發生源
3.　裝桶	OS	0.4～0.5	發生源
4.　儲槽、漏斗	EE	0.8～1.0	開口部
5.　洗瓶	BB	0.8～1.3	開口面
6.　輸送代之供給點	EE	0.8～1.0	開口部
7.　車床	OO，OR	0.5	發生源
8.　鍛造	BB	1.0	開口面

各種氣罩型式及控制風速表(續)

作業別	氣罩型式	控制風速(m/s)	測定位置
9.　篩選(鑄造作業)			
旋轉篩	EE	2.0	開口部
振動篩	EE	1.0	開口部
10.　振動脫砂(鑄造作業)			
振動脫砂	BD	7.0	開口面
既冷鑄件之振動脫砂	OG	7.3	格子面
熱鑄件之振動脫砂	OG	3.0	格子面
11.　熔解爐			
鋁	RC	7.8	開口面
黃銅	RC	7.0～1.3	開口面
坩鍋爐	RC	7.0	開口面
電氣爐	RC	2.0	開口面
12.　注湯	OL，OS	2.0	開口面
13.　箕式輸送機	EE	2.5	開口部
14.　石材加工			
手工具	OO，OR	7.0	發生源
表面研磨機	OS，OL	7.5	發生源
其他工具	OO，OR	7.5	開口面

各種氣罩型式及控制風速表(續)

作業別	氣罩型式	控制風速（m/s）	測定位置
15.　磨床			
薄片磨床	OG	1.0～20	格子面
移動磨床	OG	1.0～20	格子面
搖擺磨床	BB	0.5～0.8	開口面
16.　調理台	RC	0.5～0.8	開口面
17.　實驗室			
通風管	BD	0.5～0.8	開口面
換氣作業台	OG	0.6～1.0	格子面
18.　金屬加工	BB，BD	1.0	開口面
有毒物質(鋁、鎘等)	BB，BD		
無毒物質(鋁、鎘等)	OO，OR	0.6～1.0	
19.　混合機	BB，EE	0.5～1.0	開口部
20.　包裝機	BB	0.3～0.5	開口面
包裝機	OG	0.4～0.8	格子面
包裝機	EE	0.5～2.0	開口部
21.　噴步塗節	BB	0.5～1.0	開口面
22.　裝藥被覆用盤	EE	0.5～1.0	開口面
23.　窯業			
素燒擦磨	OR，OO	3.8	發生源
吹噴	BB	0.5～0.8	開口面

各種氣罩型式及控制風速表(續)

作業別	氣罩型式	控制風速(m/s)	測定位置
24. 石英熔融	BB	0.8〜1.0	開口面
25. 橡膠滾筒	OR	0.5	開口面
26. 銀合金硬銲	OS，OO，OR	0.5	發生源
27. 蒸氣鍋	RC	0.8	開口面
28. 開放槽			
脫脂	OS	0.3	發生源
浸漬	BD	0.8	開口面
酸洗	OS	0.4〜0.5	發生源
鍍金	OR，OO	0.3〜0.5	發生源
淬火	OR，OO	0.5	開口面
湯洗	RC	0.4〜0.5	發生源
29. 熔接(弧光)	RC	0.5〜1.0	開口面
熔接(弧光)	BB	0.5	
30. 軸射線物質之處置	EX	0.3〜0.5	開口部
軸射線物質之處置	BD	1.5〜2.0	開口面

符號說明：　　EE=覆蓋型氣罩　　　　OO=外裝圓形氣罩

　　　　　　　BB=崗亭型氣罩　　　　OG=外裝格條氣罩

　　　　　　　EX=套箱型氣罩　　　　OL=外裝百葉型氣罩

　　　　　　　BD=氣櫃型氣罩　　　　RC=接收型氣罩

　　　　　　　OR=外裝長方形型氣罩　OS=外裝槽溝型氣罩

附錄 D　各種作業環境圓形風管

所需搬運風速表

各種作業環境圓形風管所需搬運風速表

作業別	氣罩型式	搬運風速(m/s)	摘要
噴布研磨室 (殺、格子或粒)	EE，將空氣取氣口置於屋頂面。	18	0.3～0.5m/s 下向
噴布研磨	具有檢點口之 EE，EX	18	換氣次數 20 次/分，在所有開口部為 2.5m/s 以上
	EE，BB，OR	15	每一台為 22.5m³/min
裝袋：袋頂部開口桶	BD，BB	18 18	紙袋：31 m³/min/ m²（開口） 布袋：62 m³/min/ m²（開口）
充填或兜板取出	OR，OS，BB	18	每一容器斷面積為 31 m³/min/ m² 前方開口部為 0.5m/s
皮帶輸送機	氣罩置於供給點 EE	18	皮帶速度在 1m/s 以下時，對 1m 之皮帶幅度為 10 m³/min，但開口面為 0.75m/s。皮帶速度在 1m/s 以上時，對 1m 之皮帶幅度為 14 m³/min 但開口面為 1m/s 以上
儲藏箱(頂部封鎖)	由供給點連接儲藏箱頂部	18	通過供給點開口面為 0.75～1m/s

各種作業環境圓形風管所需搬運風速表(續)

作業別	氣罩型式	搬運風速(m/s)	摘要
箕式輸送機	須置密閉套管 EE	18	通過輸送機，套管斷面為 3 m³/min/ m²
磚瓦切斷及整型 (為乾式而使用研磨用剪機)	OR BB	18 18	14m³/min 前方開口部為 0.75m/s
窯業用乾燥盤、乾壓機、空氣整型	BD 在橫部置 OR	18 18	所有之開口部為 1m/s 14 m³/min
粉刷	供應用儲藏箱 BB OG 或 OR	18 18 18	14m³/min 前方開口部為 0.5m/s 發生粉塵之作業部分 31～7 m³/min
冷卻窯道 (鑄物模之用) 粉碎機及磨床	BB BB	18	對每一公尺護圍為 0.7～9.3 m³/min 開口部為 1m/s
爐、非鐵金屬用固定型溶解坩堝、非鐵金屬用斜型坩堝、鋼用電弧鍛造(手打)	BB RC	18 7.5～18	氣罩開口部為 0.5～1m/s 75～156m³/min 7.570m³/min/ton 前方開口部為 1m/s
汽車庫(在作業場所置尾管)	使滑向尾管 OR	10	對 200P_S 以下座車，置以 75cm ϕ 之可撓性導管 2.8m³/min 對 200P_S 以上之座車或卡車，置以 10cm ϕ 之可撓性導管，5.6m³/min 對於柴油引擎，置以 11.3cm ϕ 之可撓性導管，11.2m³/min
花崗石之裁切及潤飾空氣或手動工具表面潤飾機	OO，DS OS，OL	28～30 28～30	14 m³/min 對 60mm ϕ 以下之工具為 14m³/min 60～73mm ϕ 之工具為 28m³/min

各種作業環境圓形風管所需搬運風速表(續)

作業別	氣罩型式	搬運風速(m/s)	摘要
磨床 　上光盤、擦光磨 　盤(移動式) 垂吊磨床	RE OG BB BB	18 18 15	作業檯型排氣，每一擦光面積爲 60～120 m³/min/ m²，但對作業檯平面面積爲 45 m³/min/m² 在前方開口部爲 0.5m/s 在崗亭前方開口部吸氣風速爲 0.5～1m/s
廚房用電熱器	RC	7.5～9	氣罩前方開口部爲 0.5m/s
實驗室氣罩(附有門扉)	BD，EE		0.25～0.5m/s
精鍊	OO，OR	18	前方開口部爲 1.0m/s
金屬煉製	BB	15	氣罩前方開口部爲 0.7～1m/s

國家圖書館出版品預行編目(CIP)資料

工業通風設計概要 / 鍾基強編著. -- 二版. --
新北市土城區：全華圖書，2007.11
面 ； 公分

ISBN 978-957-21-6066-4(平裝)

1. 空調工程 2. 運風機

446.72   96020864

工業通風設計概要

作者 / 鍾基強

執行編輯 / 康容慈

發行人 / 陳本源

出版者 / 全華圖書股份有限公司

郵政帳號 / 0100836-1 號

印刷者 / 宏懋打字印刷股份有限公司

圖書編號 / 0538801

二版六刷 / 2021 年 10 月

定價 / 新台幣 350 元

ISBN / 978-957-21-6066-4(平裝)

全華圖書 / www.chwa.com.tw

全華網路書店 Open Tech / www.opentech.com.tw

若您對本書有任何問題，歡迎來信指導 book@chwa.com.tw

臺北總公司(北區營業處)
地址：23671 新北市土城區忠義路 21 號
電話：(02) 2262-5666
傳真：(02) 6637-3695、6637-3696

南區營業處
地址：80769 高雄市三民區應安街 12 號
電話：(07) 381-1377
傳真：(07) 862-5562

中區營業處
地址：40256 臺中市南區樹義一巷 26 號
電話：(04) 2261-8485
傳真：(04) 3600-9806(高中職)
　　　(04) 3601-8600(大專)

親愛的您好！

歡迎加入 全華會員

● 會員獨享

會員享購書折扣、紅利積點、生日禮金、不定期優惠活動⋯等。

● 如何加入會員

掃 QRcode 或填妥讀者回函卡直接傳真 (02) 2262-0900 或寄回，將由專人協助
登入會員資料，待收到 E-MAIL 通知後即可成為會員。

如何購書

1. 網路購書

全華網路書店「http://www.opentech.com.tw」，加入會員購書更便利，並享
有紅利積點回饋等各式優惠。

2. 實體門市

歡迎至全華門市（新北市土城區忠義路 21 號）或各大書局選購。

3. 來電訂購

(1) 訂購專線：(02) 2262-5666 轉 321-324
(2) 傳真專線：(02) 6637-3696
(3) 郵局劃撥（帳號：0100836-1　戶名：全華圖書股份有限公司）
※ 購書未滿 990 元者，酌收運費 80 元。

OpenTech.com.tw
全華網路書店

全華網路書店 www.opentech.com.tw
E-mail: service@chwa.com.tw

※ 本會員制如有變更則以最新修訂制度為準，造成不便請見諒。

讀書回函卡

掃 QRcode 線上填寫 ▶▶▶

姓名：

生日：西元　　　年　　　月　　　日　性別：□男 □女

電話：(　　　) 　　　　　手機：

e-mail：（必填）

通訊處：□□□□□

註：數字零，請用 Φ 表示，數字1與英文L請另註明並書寫端正，謝謝。

學歷：□高中・職　□專科　□大學　□碩士　□博士

職業：□工程師　□教師　□學生　□軍・公　□其他

學校/公司：　　　　　　　　　科系/部門：

需求書類：

□A.電子 □B.電機 □C.資訊 □D.機械 □E.汽車 □F.工管 □G.土木 □H.化工
□I.設計 □J.商管 □K.日文 □L.美容 □M.休閒 □N.餐飲 □O.其他

本次購買圖書為：　　　　　　　　　書號：

您對本書的評價：

封面設計：□非常滿意　□滿意　□尚可　□需改善，請說明

內容表達：□非常滿意　□滿意　□尚可　□需改善，請說明

版面編排：□非常滿意　□滿意　□尚可　□需改善，請說明

印刷品質：□非常滿意　□滿意　□尚可　□需改善，請說明

書籍定價：□非常滿意　□滿意　□尚可　□需改善，請說明

整體評價：請說明

您在何處購買本書？

□書局　□網路書店　□書展　□團購　□其他

您購買本書的原因？（可複選）

□個人需要　□公司採購　□親友推薦　□老師指定用書　□其他

您希望全華以何種方式提供出版訊息及特惠活動？

□電子報　□DM　□廣告（媒體名稱）

您是否上過全華網路書店？(www.opentech.com.tw)

□是　□否　您的建議

您希望全華出版哪方面書籍？

您希望全華加強哪些服務？

感謝您提供寶貴意見，全華將秉持服務的熱忱，出版更多好書，以饗讀者。

填寫日期： 　　/　　/

2020.09 修訂

親愛的讀者：

感謝您對全華圖書的支持與愛護，雖然我們很慎重的處理每一本書，但恐仍有疏漏之處，若您發現本書有任何錯誤，請填寫於勘誤表內寄回，我們將於再版時修正，您的批評與指教是我們進步的原動力，謝謝！

全華圖書 敬上

勘 誤 表

書號	書名	作者
頁　數	行　數	錯誤或不當之詞句	建議修改之詞句

頁　數	行　數	錯誤或不當之詞句	建議修改之詞句

我有話要說：（其它之批評與建議，如封面、編排、內容、印刷品質等⋯）